普通高等教育"十一五"系列教材
普通高等教育核工程与核技术专业系列教材

YASHUIDUI HEDIANCHANG
TIAOSHI YU YUNXING

压水堆核电厂调试与运行

主编　单建强
编写　朱继洲　张　斌
主审　马大园

中国电力出版社
CHINA ELECTRIC POWER PRESS

内 容 提 要

本书重点论述典型 1000MW 压水堆核电厂的调试启动、正常运行与维护、事故运行时的安全性和运行管理等方面的知识。全书共分 6 章。主要内容包括：核电厂的发展历史、现状和趋势，安全性和经济性，运行特点以及运行安全性能指标体系；核电厂技术规格书；压水堆核电厂的调试与启动；核电厂的正常运行；核电厂的事故运行；核电厂的运行管理和维修。

本书可作为高等院校核能科学与工程学科各专业的本科教材，也可供从事核电厂研究、设计、运行和调试的工程技术人员参考。

图书在版编目（CIP）数据

压水堆核电厂调试与运行/单建强主编. —北京：中国电力出版社，2008.12（2025.7 重印）
普通高等教育"十一五"规划教材
ISBN 978-7-5083-7275-4

Ⅰ. 压…　Ⅱ. 单…　Ⅲ.①压水型堆－核电厂－调试－高等学校－教材 ②压水型堆－核电厂－运行－高等学校－教材　Ⅳ. TM623.91

中国版本图书馆 CIP 数据核字（2008）第 188108 号

中国电力出版社出版、发行
（北京市东城区北京站西街 19 号　100005　http://www.cepp.sgcc.com.cn）
北京世纪东方数印科技有限公司印刷
各地新华书店经售
＊
2008 年 12 月第一版　2025 年 7 月北京第十二次印刷
787 毫米×1092 毫米　16 开本　9.25 印张　218 千字
定价　**28.00** 元

前　言

为贯彻落实教育部《关于进一步加强高等学校本科教学工作的若干意见》和《教育部关于以就业为导向深化高等职业教育改革的若干意见》的精神，加强教材建设，确保教材质量，中国电力教育协会组织制订了普通高等教育"十一五"教材规划。该规划强调适应不同层次、不同类型院校，满足学科发展和人才培养的需求，坚持专业基础课教材与教学急需的专业教材并重、新编与修订相结合。本书为新编教材。

核能已成为人类使用的重要能源，核电是电力工业的重要组成部分。由于核电不造成对大气的污染排放，在人们越来越重视地球温室效应、气候变化的形势下，积极推进核电建设是我国能源建设的一项重要政策，对于满足经济和社会发展不断增长的能源需求，保障能源供应与安全，保护环境，实现电力工业结构优化和可持续发展，提升我国综合经济实力、工业技术水平和国际地位，都具有重要的意义。

本书主要论述了核电的发展历史、现状和趋势，安全性和经济性，运行特点以及运行安全性能指标体系；核电厂技术规格书；以典型 1000MW 压水堆核电厂为例讲述了压水堆核电厂的调试、启动、正常运行、事故运行以及运行管理和维修等内容。

本书由西安交通大学单建强主编，朱继洲和张斌参编，由单建强统稿。其中，单建强编写了第一、三、四章，朱继洲编写了第五章，张斌编写了第二、六章。本书由中国原子能科学研究院马大园主审。

本书涉及的学科领域广泛，由于编者水平所限，书中难免有疏漏之处，殷切希望广大读者、专家、学者给予批评和指正。

编　者

2008 年 11 月

目　　录

第1章 绪　　论

1.1　核电发展历史、现状和趋势

从第一座核电厂建成至今已有 50 年的历史了，在经历了 20 世纪 60 年代末到 80 年代中期核电大发展以后，由于 1979 年美国三里岛事件和 1986 年前苏联切尔诺贝利事件的影响，核电的发展在世界范围内受到严重的制约。也正因为这些事件，使人们对核电有更多的反思，并为 21 世纪迎来核电在更高水平上的发展奠定了坚实的基础。

20 世纪 50～60 年代可视为核电发展早期。这时期核电主要集中在美、苏、英、法和加拿大少数几个国家中，西德和日本由于二次大战后巴黎协议禁止其在战后 10 年内进行核研究，因而核能技术应用起步较晚。这阶段发展的堆型可分为三种情况，一是从军用生产堆或军用动力堆转型改造过来，二是一些商用核电厂堆型的原型机组，三是研究探索过程中建造的一些堆型。这阶段典型的核电机组堆型包括：英国和法国建造的一批"镁诺克斯"天然铀石墨气冷堆（GCR）；前苏联早期建造的轻水冷却石墨慢化堆（LGR）；美国早期建造的压水堆（PWR）和沸水堆（BWR）；加拿大早期建造的天然铀重水堆以及美国和前苏联早期建造的快中子实验堆。

这一阶段建造的核电厂可称为第一代核电厂，这一代核电厂有以下一些共同点：

（1）建于核电开发期，因此具有研究探索的试验原型堆性质；

（2）设计比较粗糙，结构松散，尽管机组发电容量不大，一般在 300MW 之内，但体积较大；

（3）设计中没有系统、规范、科学的安全标准，因而存在许多安全隐患；

（4）发电成本较高。

目前，第一代核电厂基本已退役（约 50 台机组）。这些早期开发、研究的堆型，有些成了第二代重点发展的商业核电厂堆型，如轻水堆（PWR、BWR）、改进型气冷堆（AGR）、高温气冷堆（HTGR）、CANDU 重水堆和液态金属冷却快中子增殖堆（LMFBR），另有一些由于当时条件所限未能发展，但其设计思想已成为第三代甚至第四代先进堆的选用堆型，如采用自然循环方式和非能动安全的沸水堆（ESBWR）以及快中子堆和熔盐堆等。

目前正在运行的绝大部分商用核电厂划归为第二代核电厂，这一代核电厂主要是按照比较完备的核安全法规和标准以及确定论的方法、考虑设计基准事故的要求而设计的。实际上，这种划分是相对的。它既是在第一代堆型（如 20 世纪 60 年代初投运的 PWR 电厂，英、法等国的天然铀石墨气冷堆电厂）基础上的改进和发展，与现在的第三代核电厂的设计概念也有交叉。目前运行的许多核电厂，特别是三里岛事件后设计的核电厂已进行了许多根本性的改进，考虑了许多严重事故的对策，也引入了一些非能动安全设计。因此，第二代核电厂只是一个包络的概念，而非绝对的划分。

第二代核电厂主要有 PWR、BWR、加拿大 AECL 开发的天然铀压力管式重水堆（CANDU 堆）、前苏联开发的石墨水冷堆（LGR）、改进型气冷堆（AGR）和高温气冷堆（HTGR）以及钠冷快堆。由于发生了切尔诺贝利事故，俄罗斯、乌克兰等国关闭了一批同堆型的 LGR 机组，对正在运行的 13 台 LGR 机组进行了相应的整治和改造，同时决定停止再建此堆型的核电厂。改进型气冷堆是在天然铀石墨气冷堆基础上改进而成，由于其经济竞争力差，英国和法国也停止了该堆型的发展。钠冷快堆核电机组因政治和经济的原因，其发展速度大为减缓。因此，目前运行和在建的第二代核电厂中占优势的堆型是 PWR、BWR 和重水堆，分别占目前总机组数的 65%、23% 和 6%。表 1-1 给出了截至 2007 年 2 月世界主要国家和地区的核电现状。全世界共有 31 个国家和地区拥有 435 座运行中的核电厂，总装机容量为 368GW。在建的机组共 30 个，装机容量为 24GW。

表 1-1　　　　　　　　　　　　　　　世 界 核 电 现 状

国　　家	运行中的反应堆		在建的反应堆	
	机　　组	容量（MWe）	机　　组	容量（MWe）
阿根廷	2	935	1	692
亚美尼亚	1	376		
比利时	7	5801		
巴西	2	1901		
保加利亚	2	1906	2	1906
加拿大	18	12584		
中国[①]	10	7572	5	4220
捷克	6	3523		
芬兰	4	2696	1	1600
法国	59	63363		
德国	17	20339		
匈牙利	4	1755		
印度	16	3483	7	3112
伊朗			1	915
日本	55	47593	1	866
韩国	20	16810	1	960
立陶宛	1	1185		
墨西哥	2	1360		
荷兰	1	450		
巴基斯坦	2	425	1	300
罗马尼亚	1	651	1	655
俄罗斯	31	21743	5	4525
斯洛伐克	5	2034		
斯洛文尼亚	1	656		
南非	2	1800		
西班牙	8	7450		
瑞典	10	8921		
瑞士	5	3220		

续表

国　家	运行中的反应堆		在建的反应堆	
	机　组	容量（MWe）	机　组	容量（MWe）
乌克兰	15	13107	2	1900
英国	19	10982		
美国	103	98446		
总计	435	367988	30	24251

① 未包括我国台湾地区。

表 1-2 给出了截至 2007 年 2 月世界上正在运行和建造的核电厂的各种堆型的比例。从表中可以看出，无论是在运行的还是在建的，压水堆占据绝对的优势。我国已建成的核电厂中，除了秦山三期为重水堆外，其余的均为压水堆。

表 1-2　　　　　　　　　　世界核电厂堆型的份额

类　型	运行的反应堆		建造中的反应堆	
	机 组 数 量	容量（MWe）	机 组 数 量	容量（MWe）
压水堆	264	241164	19	17351
沸水堆	93	83476	2	2600
加压重水堆	42	21357	6	2155
气冷堆	18	9794		
石墨水冷堆	16	11404	1	925
快堆	2	793	2	1220
合计	435	367988	30	24251

由于三里岛和切尔诺贝利事故的发生暴露了第二代核电厂设计中的一些根本性弱点。20世纪 80 年代中期开始，美国电力研究所（EPRI）在美国能源部和核管会（NRC）的支持下，经多年努力，制定了一个能被供货商、投资方、业主、核安全管理当局、用户和公众各方面都接受的，提高安全性和改善经济性的核电厂设计基础文档，即适用于先进轻水堆核电厂设计的"用户要求文件（URD）"。随后，欧共体国家共同制定了类似的文件，即"欧洲用户要求文件（EUR）"。现在，人们通常把符合 URD 或 EUR 要求的核电反应堆称作先进堆核电厂或第三代核电厂。

十多年来，世界各核电供货商都在按 URD、EUR 等的要求，在各自已经形成批量生产堆型的基础上，做改进创新的开发研究。到目前为止，已经开发和正在开发的第三代核电动力堆型主要有：GE 公司的 ABWR 先进沸水堆；ABB-CE 公司的 SYSTEM 80 先进压水堆；西屋电气公司的 AP600 和 AP1000 先进压水堆；法德联合设计的 1500MW 电功率大型欧洲压水堆 EPR；俄罗斯的 VVER640（V-407 型）和 VVER1000（V-392 型）先进压水堆；日本和 GE 公司的先进简化沸水堆 SBWR；俄、美、法、日联合开发的 278MWth、燃气轮机直接循环、模块式氦气冷却堆（GT-MHR）；阿根廷开发的 25MWe、一体化蒸汽发生器、热电联供、海水淡化小型反应堆（CAREM）；韩国开发的 330MWth 多用途（包括海水淡化）、一体化蒸汽发生器、一体化模块先进堆（SMART）。我国将在浙江三门、山东海阳和广东台山首先建造第三代核电厂（AP1000 和 EPR）。

2000 年 1 月，由美国能源部发起组织阿根廷、巴西、加拿大、法国、日本、韩国、南非、英国和美国共 9 个国家的高级政府代表会议，讨论开发第四代核电的国际合作问题。会后发表了联合声明，对发展核电达成了十点共识。十点共识的基本思想是：世界特别是发展中国家，为社会发展和改善全球生态环境需要发展核电；第三代核电还需改进；核电需要提高经济性、安全性，减少废物，能防核扩散；核电技术要同核燃料循环统一考虑。2000 年 5 月，由美国能源部再次发起组织了近百名国内外专家研讨第四代核电的发展目标，目的是研究第四代核电应具备的基本性能和特点，以便进一步研究确定第四代核电的设计概念，为第四代核电堆型的研究开发明确技术方向。通过并发表了研讨会纪要文件，提出了发展设想进度。2002 年，第四代核电国际论坛（GIF）对第四代核电堆型的技术方向形成共识，在 2030 年以前将开发六种"新型发电"反应堆与燃料循环技术，即气冷快堆、铅冷快堆、熔盐堆、钠冷快堆、超临界水堆和超高温堆。

根据我国制定的《核电中长期发展规划（2005～2020 年）》，在核电发展战略方面，坚持发展百万千瓦级先进压水堆核电技术路线，目前按照热中子反应堆—快中子反应堆—受控核聚变堆"三步走"的步骤开展工作。发展目标为根据保障能源供应安全，优化电源结构的需要，统筹考虑我国技术力量、建设周期、设备制造与自主化、核燃料供应等条件。到 2020 年，核电运行装机容量争取达到 4000 万 kW；核电年发电量达到 2600 亿～2800 亿 kW·h。在目前在建和运行核电容量 1696.8 万 kW 的基础上，新投产核电装机容量约 2300 万 kW。同时，考虑核电的后续发展，2020 年末，在建核电容量应保持 1800 万 kW 左右。

1.2　核电厂的经济性与安全性

1.2.1　核电厂的经济性

煤电厂、天然气电厂和核电厂的发电相对成本因地点不同而差异很大。在诸如中国、美国和澳大利亚这些煤资源丰富并且容易获得的国家，煤目前仍具有经济吸引力，将来可能依旧如此。天然气在许多地区的基荷发电中具有竞争性，尤其是利用联合循环装置，但随着天然气价格的上涨，这种优势会减小。

为了比较不同的电力生产手段，人们习惯采用常规的贴现率经济分析法。这一方法也是一些国际机构（如 NEA，IAE 和 IAEA）从事比较分析时采用的方法。这一方法忽略了市场电价，仅考虑贴现的生产成本。这一成本细分成投资（包括退役）成本、运行成本和燃料成本三项。运行和燃料两项成本代表固定部分和可变部分。

基于以上方法，图 1-1 比较给出了 2000 年某机构得到的核能、天然气和煤的基荷（8000h/a）生产经济成本分类，其中贴现率为 4.5%。

（1）外部费用。根据 2001 年年中发表的一份对欧洲各种燃料循环主要是煤电和核电外部费用的大型研究报告（ExternE），以纯粹的现金形式，核电的成本只有煤电的 1/10。如果把外部费用计算在内，欧盟的煤发电成本将翻倍，而天然气发电成本将增加 30%，这还不包括阻止全球变暖的费用。

1991 年，欧洲委员会与美国能源部（DOE）开展了一项合作研究，并首次使用一些近似真实的财务数字说明整个欧盟不同发电形式对外部环境造成的损害。该项研究考虑了排放、弥散和对环境的最终影响。研究表明，核电外部费用平均为 0.4 欧分/kW·h，与水电差不多，而煤电高于 4 欧分/(kW·h)［4.1～7.3 欧分/(kW·h)］，天然气在 1.3～2.3 欧分/(kW·h) 之间，只有风能成本低于核电，平均为 0.1～0.2 欧分/(kW·h)。

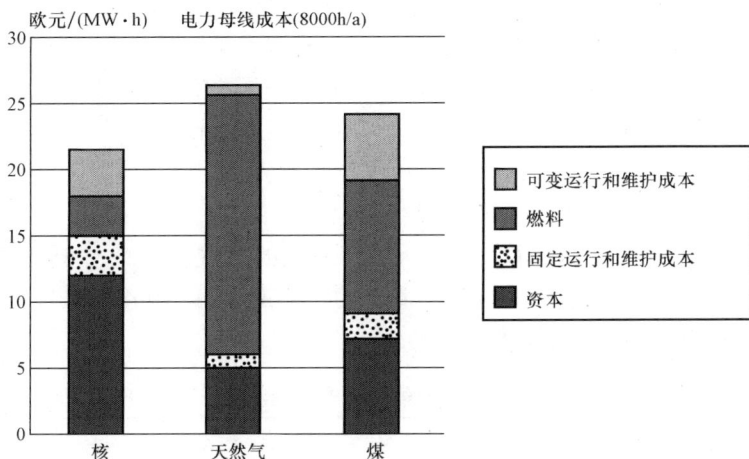

图 1-1 核能、天然气和煤的基荷生产经济成本分类图

（2）燃料费用。核能的基本优势就是核电厂的燃料费用比煤、石油和天然气电厂的低。当然，核能的燃料费用还必须考虑加工、富集和制造成燃料组件的费用（约占总成本的3/4）和放射性乏燃料的管理和乏燃料或分离出的废物的最终处置。

根据美国的计算，2006 年 4 月，得到 1kg 二氧化铀反应堆燃料的费用见表 1-3。

表 1-3	1kg 二氧化铀反应堆燃料的费用	（美元）
U₃O₈	8kg×90.20	722
转化	7kgU×12	84
富集	4.3SWU×122	586
燃料制造	1kg	240
总计		1633

这样，3400GJ 的热量发电 315000kW·h，由此得出燃料费用为 0.52 美分/(kW·h)。在 OECD 国家核电厂的总燃料费用一般约为煤电厂的 1/3，为天然气联合循环装置的 1/5～1/4。

（3）各种发电技术的比较。对于核电厂来说，其总成本一般都包括乏燃料管理、电厂退役和废物最终处置费用。这些费用对于其他发电技术来说属于外部费用，而对于核电来说是内部费用。

退役费用估计为核电厂初始基建费用的 9%～15%。但经过贴现后，退役费用仅占投资总额的几个百分点，甚至比发电费用还低。美国仅为 0.1～0.2 美分/(kW·h)，不超过发电成本的 5%。

包括乏燃料储存或放射性废物最终处置在内的燃料循环后端另占总成本的 10%，如果乏燃料不经后处理而直接处置，成本会低一些。美国通过对核电厂施加 0.1 美分/kW·h 的课税来为其 180 亿美元的乏燃料处置计划提供资金。

法国 2002 年公布的数字显示，核电的总成本为 3.2 欧分/(kW·h)，天然气为 3.05～4.26 欧分/(kW·h)，煤电为 3.81～4.57 欧分/(kW·h)。核电由于采用了标准化的大型电厂而更有竞争力。

核电成本在过去 10 年中一直在持续下降。这主要是由于燃料费用（包括铀-235 富集度的提高）和运行维护费用降低，以及电厂投资已收回或至少正在收回。一般来说，核电厂的造价高于燃煤或天然气电厂，这是因为核电厂需要使用特殊材料，并需要安装复杂的安全设施及备用控制设备。这些占核电成本相当大一部分，但核电厂一旦建成，其可变成本将非常低。

过去，核电厂较长的建设周期使财务费用增加。但目前核电厂的建设周期趋于缩短，例如日本于 1996 年和 1997 年开始运行的新一代 1300MWe 反应堆仅用四年多一点的时间建成。第三代核电厂的建造周期基本为 36～48 个月。

根据 1998 年 OECD 的一份比较研究显示，以 5％的贴现率，13 个国家中有 7 个将考虑核电，核电将是 2010 年前投付使用的新基荷电力的首选。以 10％的贴现率，将仅有法国、俄罗斯和中国保持核电对煤电的优势，见表 1-4。

表 1-4   2005～2010 年一些国家的发电成本预测   ［美分/(kW·h) (1997 年美元值)］

国　　　家	核　　电	煤　　电	天 然 气 发 电
法国	3.22	4.64	4.74
俄罗斯	2.69	4.63	3.54
日本	5.75	5.58	7.91
韩国	3.07	3.44	4.25
西班牙	4.10	4.22	4.79
美国	3.33	2.48	2.33～2.71
加拿大	2.47～2.96	2.92	3.00
中国	2.54～3.08	3.18	—

注　核电和煤电的贴现率为 5％，30 年寿期，75％负荷因子。

1.2.2　核电厂的安全性

现有核电厂的设计、建造和运行贯彻了纵深防御的安全原则。以纵深防御（defense-in-depth）为主要原则的 IAEA-NUSS 核安全标准系列文件在我国核安全法规体系（HAF 系列）中得到了全面的反映。

纵深防御的基本安全原则，包含了在放射性裂变产物与环境之间设置的多道屏障和对放射性物质的多级防御措施。图 1-2 给出了核电厂的四道屏障和五层保护。

（1）多道屏障。为了阻止放射性物质向外扩散，轻水堆核电厂结构设计上的最重要安全措施之一，是在放射源与人之间，即放射性裂变产物与人所处的环境之间，设置了多道屏障，力求最大限度地包容放射性物质，尽可能减少放射性物质向周围环境的释放量。最为重要的是以下四道屏障。

第一道屏障为燃料基体。核电厂一般采用烧结的二氧化铀陶瓷燃料，其基体可包容大部分固体和挥发性裂变产物。

第二道屏障是燃料元件包壳。轻水堆核燃料芯块叠装在锆合金包壳管内，两端用端塞封焊住。气态的裂变产物和挥发性裂变产物能部分地扩散出芯块,进入芯块和包壳之间的间隙内。包壳的工作条件是十分苛刻的,它既要受到中子流的强烈辐照、高温高速冷却剂的腐蚀、侵蚀,又要受热的和机械应力的作用。正常运行时,只允许少量裂变产物穿过包壳扩散到冷却剂。

第三道屏障是将反应堆冷却剂全部包容在内的一回路压力边界。压力边界的形式与反应堆类型、冷却剂特性以及其他设计考虑有关,由压力容器和堆外冷却剂环路组成,包括蒸汽发生器传热管、泵和连接管道。

为了确保第三道屏障的严密性和完整性,防止带有放射性的冷却剂漏出,除了设计时

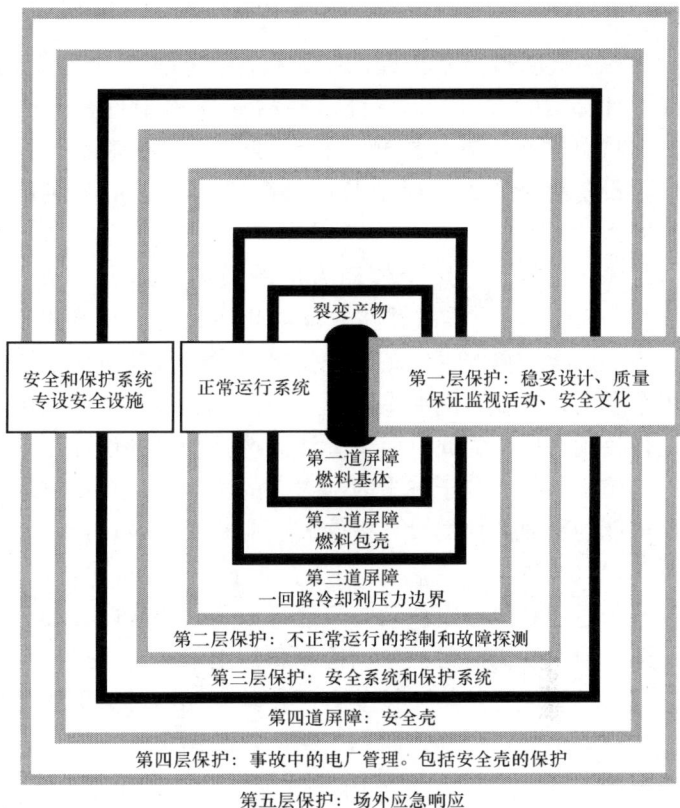

图 1-2 核电厂的多道屏障与多层保护

在结构强度上留有足够的裕量外,还必须对屏障的材料选择、制造和运行给以极大的注意。

第四道屏障是安全壳,即反应堆厂房。它将反应堆、冷却剂系统的主要设备(包括一些辅助设备)和主管道包容在内。当事故发生时,它能阻止从一回路系统外逸的裂变产物泄漏到环境中去,是确保核电厂周围居民安全的最后一道防线。安全壳也可保护重要设备免遭外来袭击(如飞机坠落)的破坏。对安全壳的密封有严格要求,如果在失水事故后 24h 内安全壳总的泄漏率小于 0.3% 安全壳内所含气体的质量,则认为达到要求。为此,在结构强度上应留有足够的裕量,以便能经受住冷却剂管道大破裂时压力和温度的变化,阻止放射性物质的大量外逸。它还要设计得能够定期地进行泄漏检查,以便验证安全壳及其贯穿件的密封性。

为了最大限度地防止放射性物质进入到环境中,田湾核电厂采用双层安全壳。安全壳的内层采用预应力钢筋混凝土结构,下部为圆柱形,上部为半球形。安全壳的内部衬以一层碳钢以确保防止泄漏。设计压力为 0.4MPa。安全壳外层采用整体式钢筋混凝土结构。在两层之间为环形的空间。外层安全壳可以确保内层安全壳免受外来物体的冲击。

除了上述四道实体屏障之外,每个核电厂周围都有一个公众隔离区。核电厂选址应与居民中心保持一定的距离。这样,可对释出的任何载有放射性气体提供大气扩散以及自然消散的途径,并在万一发生严重事故时有足够疏散居民的时间。核电厂附近的居民一般较少,要

易于疏散。

（2）多级防御措施。纵深防御概念贯彻于安全有关的全部活动，包括与组织、人员行为或设计有关的方面，以保证这些活动均置于重叠措施的防御之下，即使有一种故障发生，它将由适当的措施探测、补偿或纠正。在整个设计和运行中贯彻纵深防御，以便对由厂内设备故障或人员活动及厂外事件等引起的各种瞬变、预计运行事件及事故提供多层次的保护。

纵深防御概念应用于核动力厂的设计，提供一系列多层次的防御（固有特性、设备及规程），用以防止事故并在未能防止事故时保证提供适当的保护。

第一层次防御的目的是防止偏离正常运行及防止系统失效。这一层次要求按照恰当的质量水平和工程实践，例如多重性、独立性及多样性的应用，正确并保守地设计、建造、维修和运行核动力厂。为此，应十分注意选择恰当的设计规范和材料，并控制部件的制造和核动力厂的施工。能有利于减少内部灾害的可能、减轻特定假设始发事件的后果或减少事故序列之后可能的释放源项的设计措施。还应重视涉及设计、制造、建造、在役检查、维修和试验的过程，以及进行这些活动时良好的可达性、核动力厂的运行方式和运行经验的利用等方面。整个过程是以确定核动力厂运行和维修要求的详细分析为基础。

第二层次防御的目的是，检测和纠正偏离正常运行状态，以防止预计运行事件升级为事故工况。尽管注意预防，核动力厂在其寿期内仍然可能发生某些假设始发事件。这一层次要求设置在安全分析中确定的专用系统，并制定运行规程以防止或尽量减小这些假设始发事件所造成的损害。

设置第三层次防御是基于以下假定：尽管极少可能，某些预计运行事件或假设始发事件的升级仍有可能未被前一层次防御所制止，而演变成一种较严重的事件。这些不大可能的事件在核动力厂设计基准中是可预计的，并且必须通过固有安全特性、故障安全设计、附加的设备和规程来控制这些事件的后果，使核动力厂在这些事件后达到稳定的、可接受的状态。这就要求设置的专设安全设施能够将核动力厂首先引导到可控制状态，然后引导到安全停堆状态，并且至少维持一道包容放射性物质的屏障。

第四层次防御的目的是，针对设计基准可能已被超过的严重事故的，并保证放射性释放保持在尽实际可能的低。这一层次最重要的目的是保护包容功能。除了事故管理规程之外，这可以由防止事故进展的补充措施与规程，以及减轻选定的严重事故后果的措施来达到。由包容提供的保护可用最佳估算方法来验证。

第五层次，即最后层次防御的目的是，减轻可能由事故工况引起潜在的放射性物质释放造成的放射性后果。这方面要求有适当装备的应急控制中心及厂内、厂外应急响应计划。

1.3　核电厂运行的特点与一般原则

一、核电厂的能量平衡

一个典型的发电厂可以认为是一系列能源与热井的集成，它们的组合提供了总的能量平衡，如图1-3所示。

从图1-3可以看出：

（1）反应堆为系统提供了热能的输入；

（2）由裂变反应所产生的热量，由冷却剂（一回路）系统带给蒸汽发生器；

（3）蒸汽发生器把传输热量转化为蒸汽源，用于驱动汽轮机；

（4）汽轮机推动发电机为电网系统提供电力；

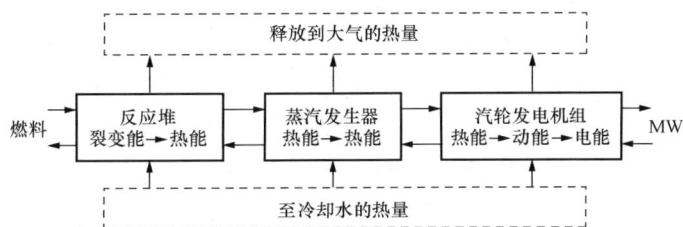

图 1-3 核电厂的能量平衡图

（5）在汽轮机不可用的事件中，汽轮机旁路阀提供了备用的最终的热井。

所以，只要上述能量链中没有中断的部分，核电厂的运行就会是稳定的。如果这个链中某一环节受到系统相互作用的干扰，就将引起别的方面所需要的控制校正。例如，丧失蒸汽发生器的给水，这时蒸汽发生器只是冷却剂系统较小的热井，只能从它提取少量的热量。因而，冷却剂系统的压力、温度均将升高，必须采取措施以除去来自反应堆的热量，以尽可能维持冷却剂系统的压力。

二、核电厂的特殊性

核电厂运行的基本原则，与常规火力发电厂一样，都是根据电厂外负荷的需要量来调节"锅炉"的发热量，使其热功率与电负荷相平衡。核电厂与火力发电厂的不同之处，就在于核电厂是以原子核裂变反应时产生的巨大能量作为能源，因此，核电厂中担负供应蒸汽的"锅炉"就是由反应堆、冷却剂（一回路）系统及其辅助系统所组成的核蒸汽供应系统（Nuclear Steam Service System，NSSS）。这样，在控制和运行操作上也就带来一些与常规火力发电厂不同的特殊问题，具体问题如下所述。

（1）在火力发电厂中，可以连续不断地向锅炉供给燃料（燃煤、燃油、燃气），而在压水堆核电厂，由于反应堆置于高压的压力容器中，就必须采取定期（12~18 个月）停堆换料的方式，即一次性装入大于反应堆临界所需的核燃料量，以克服运行时燃料消耗、平衡氙毒和温度效应等各种因素引起的反应性损失。因此，在反应堆堆芯初次装料或换料后的初期，其过剩反应性往往很大；但是，反应堆要在稳定功率下运行，就必须维持在临界状态，这就需要采用多种控制手段，在现代大型压水堆核电厂，对堆芯反应性的控制调节已普遍采用棒束型控制棒组件和在冷却剂中溶入化学"毒物"——硼酸相结合的办法。这就给反应堆的运行和控制带来一定的复杂性。

（2）反应堆堆芯内的核燃料发生裂变反应，在释放出巨大能量的同时，也放出瞬发中子和会发出 β、γ 射线的裂变碎片。一般来说，在平衡循环寿期末反应堆每 1W 热功率所相应的裂变成为的产物约为 3.7×10^{10} Bq，一座 1000MWe 功率的核电厂，由于反应堆内放射性产物的累积，以及堆内构件、压力容器等受中子的辐照而活化，堆内的放射性水平将高达 1.0×10^{20} Bq，所以，不管反应堆在运行中或停闭后，都有很强的放射性。

在核电厂正常运行期间，上述放射性物质的绝大部分（约 98%）被燃料元件及其包壳所包容，只要运行时能保持燃料元件包壳的完整性，大量放射性物质就不可能从燃料向外释放，也就不会对周围环境造成任何危害。所以，核电厂运行时一定要注意防止事故的发生，或者，即使发生了事故，应尽量减轻其后果，特别要防止由于放射性物质的外逸而污染环境。

对于压水堆核电厂来说，一回路与二回路相隔开是它的一个特点，如果冷却剂（一回路）系统压力边界的完整性遭破坏，放射性污染了二回路非核设备，在维修时会带来很多常规火力发电厂所没有的问题。

（3）反应堆在停闭后，运行过程中积累起来的裂变产物产生的 β、γ 衰变，以及缓发中子引起裂变，将使堆芯产生剩余发热，称作衰变热。因此，反应堆停闭后不能立即停止冷却，否则会出现燃料元件因过热而烧毁的危险。在核电厂停闭情况下，也必须继续除去衰变热。当核电厂发生停电、一回路管道破裂等重大事故时，应急电源、安全注入系统等专设安全设施应立即自动投入，做到在任何情况下，保证反应堆堆芯的冷却。

（4）核电厂在运行时，其工艺过程会产生气体、固体及液体放射性废物，这些放射性三废的处理和储存问题在火力发电厂是不存在的。为了确保工作人员和居民的健康，放射性废物必须按照国家的规定，经过严格的处理和监测，降低排放物的放射性活度至国家的放射防护规定的水平后，才允许向环境排放。

（5）与火力发电厂相比，核电厂由于安全性要求高，系统冗多、设备复杂。一座大型 1000MWe 核电厂约有 300 多个系统，其中又分为安全系统，安全相关系统，非安全系统，因而，核电厂的初投资和建设费用远高于火力发电厂。为了提高经济性，极为重要的是使核电厂有比较高的负荷因子，为此：①核电厂应在额定功率或尽可能接近额定功率的工况下连续运行；②尽可能缩短核电厂换料停闭时间。

1.4 核电厂运行工况与分类

根据对核电厂运行工况所作的分析，1970 年，美国标准学会按反应堆事故出现的预计概率和对广大居民可能带来的放射性后果，把核电厂运行工况分为四类。

工况 I：正常运行和运行瞬变。包括：

（1）核电厂的正常启动、停闭和稳态运行；

（2）带有允许偏差的极限运行，如发生燃料组件包壳泄漏、一回路冷却剂放射性水平升高、蒸汽发生器管子有泄漏等，但未超过规定的最大允许值；

（3）运行瞬变，如核电厂的升温升压或冷却卸压，以及在允许范围内的负荷变化等。

这类工况出现较频繁，所以要求整个过程中无需停堆，只要依靠控制系统在反应堆设计裕量范围内进行调节，即可把反应堆调节到所要求的状态，重新稳定运行。

工况 II：中等频率事件。或称预期运行事件。这是指在核电厂运行寿期内预计出现一次或数次偏离正常运行的所有运行过程。由于设计时已采取适当的措施，其最为严重的瞬态是实施停堆保护，不会造成燃料组件棒损坏或一回路、二回路系统超压，不会导致事故工况。

工况 III：稀有事故。在核电厂寿期内，这类事故一般极少出现，它的发生频率约为 $10^{-4} \sim 3 \times 10^{-2}$ 次/（堆·a）。处理这类事故时，为了防止或限制对环境的辐射危害，需要专设安全设施投入工作。

工况 IV：极限事故。这类事故的发生频率可估为 $10^{-6} \sim 10^{-4}$ 次/（堆·a），因此被称作假想事故。它一旦发生，就会释放出大量放射性物质，所以在核电厂设计中必须加以考虑。

核电厂安全设计的基本要求是：在常见故障时，对居民不产生或只产生极少的放射性危害；在发生极限事故时，专设安全设施的作用应保证一回路压力边界的结构完整、反应堆安全停闭，并可对事故的后果加以控制。

表 1-5 和表 1-6 分别给出了这四类工况的举例及其所对应的安全准则。

表 1-5 运行工况及其例子

预 期 运 行 事 件	稀 有 事 故	极 限 事 故
1. 堆启动时，控制棒组件不可控地抽出 2. 满功率运行时，控制棒组件不可控地抽出 3. 控制棒组件落棒 4. 硼失控稀释 5. 部分失去冷却剂流量 6. 失去正常给水 7. 给水温度降低 8. 负荷过分增加 9. 隔离环路再启动 10. 甩负荷 11. 失去外电源 12. 一回路卸压 13. 主蒸汽系统卸压 14. 满功率运行时，安全注射系统误动作	1. 一回路系统管道小破裂 2. 二回路系统蒸汽管道小破裂 3. 燃料组件误装载 4. 满功率运行时抽出一组控制棒组件 5. 全厂断电（反应堆失去全部强迫流量） 6. 放射性废气、废液的事故释放 7. 蒸汽发生器传热管断裂	1. 一回路系统主管道大破裂 2. 二回路系统蒸汽管道大破裂 3. 一台冷却泵转子卡死 4. 燃料操作事故 5. 弹棒事故

表 1-6 四类运行工况及其安全准则

运 行 工 况	概 率	放 射 性	安 全 准 则
Ⅰ. 正常运行与运行瞬态			燃料不应受到损坏 不应要求启动任何保护系统或专设安全设施
Ⅱ. 中等频率事件（预期运行事件）	$10^{-2} \sim 1$		燃料不应受到任何损坏 任何屏障不应受到损坏（屏障本身出故障除外） 采取纠正措施后机组应能重新启动 不应发展成为后果更为严重的事故
Ⅲ. 稀有事故	$10^{-4} \sim 10^{-2}$	全身 5mSv 甲状腺 15mSv	一些燃料组件可能损坏，但其数量应是有限的 一回路和安全壳的完整性不应受到影响 不应该发展成为后果更为严重的事故
Ⅳ. 极限事故	$10^{-6} \sim 10^{-4}$	全身 0.15Sv 甲状腺 0.45Sv	燃料组件可能有损坏，但数量应有限 一回路、安全壳的功能在专设安全设施作用下应能保证

过去核电厂的安全设计主要考虑设计基准事故，认为反应堆堆芯不会严重损坏和熔化，放射性物质不会大量释放。我国新的核电厂设计安全规定要求适当考虑严重事故。严重事故（Severe Accidents）是指堆芯遭到严重损坏和熔化甚至安全壳也损坏的一种事故，因而导致放射性物质大量释放到环境，是一种超设计基准事故。

在 10000 堆·a 的核电厂运行历史中，已经发生了两起严重事故。1979 年 3 月 28 日三里岛（TMI-2）核电厂事故，大约 40% 堆芯熔化，由于安全壳保持了完整性，只有极少量气态碘和惰性气体释放，没有人员死亡。1986 年 4 月 26 日切尔诺贝利（Chernobyl-4）核电厂事故，堆芯全部破坏，房顶被炸飞，导致大量放射性物质释放至大气中，即发死亡 31 人。从简单的统计学的观点看，这两起事故使得发生严重事故的几率达到 2×10^{-4}/（堆·a），比早先设想的 $10^{-5} \sim 10^{-6}$/（堆·a）的几率要大得多。

严重事故的后果非常严重，特别是有大量放射性物质释放到环境的切尔诺贝利核电厂事故，带来了环境、健康、经济和社会心理上的巨大影响。在这种情况下，就要重新审议一下过去核电厂设计和运行不考虑严重事故是否适宜。从发生的几率、从后果的严重性、从公众接受核电方面等要求现在运行的和将来设计的核电厂要有防止和缓解严重事故的对策措施。因为实践已经说明，单纯考虑设计基准事故，不考虑严重事故的防止和缓解，不足以保证工作人员、公众和环境的安全。

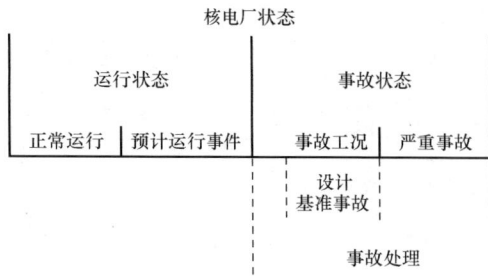

图 1-4　核电厂运行状态示意图

在我国，HAF-102《核电厂设计安全规定》（以下简称《规定》）已于 1991 年 7 月 27 日由国家核安全局批准发布，并于 2004 年进行了修订。《规定》中定义电厂状态为 4 类，正常运行、预计运行事件、事故工况（设计基准事故）和严重事故，其关系见图 1-4。

图 1-3 中，核电厂运行状态是指正常运行或预期运行事件两类状态的统称。

正常运行是指核电厂在规定运行限值和条件范围内的运行，包括停堆状态、功率运行、停堆过程、启动、维护、试验和换料。

核电厂的预计运行事件是指在核电厂运行寿期内预计可能出现一次或数次的偏离正常运行的各种运行过程。由于设计中已采取相应措施，这类事件不至于引起安全重要物项的严重损坏，也不致导致事故工况。

事故（事故状态）是指事故工况和严重事故两类状态的统称。核电厂的事故工况是指核电厂以偏离运行状态的形式出现的事故，事故工况下放射性物质的释放可由恰当设计的设施限制在可接受的限值以内，严重事故不在其列。

核电厂的设计基准事故是指核电厂按确定的设计准则在设计中采取了针对性措施的那些事故工况。核电厂的严重事故是指堆芯严重损坏的事故，就是超出设计基准的事故。

1.5　国际核事件等级表

为了确切、科学地作好核电厂事件信息的评价工作，国际原子能机构（IAEA）向各成员国推荐使用国际核事件等级表（the International Nuclear Event Scale，INES）。

国际核事件等级表是为了以规范化的统一用语向公众快速通报核电厂所发生事件的严重程度而采用的工具，这个等级表只对与核安全或辐射安全有关的事件进行分类，这些事件被分成 7 个等级（见图 1-5）。图 1-5 中，等级 1～3 称为故障（Incident），等级 4～7 称为事故（Accident）。在安全上无严重性的事件定为 0 级或称低于等级表的事件。作为一个粗略的导则。作为对核电厂已经发生过的核事件进行分级的例子，1986 年前苏联切尔诺贝利（Chernobyl-4）核电厂事故造成广泛的环境和人们健康影响，被归入 7 级，1979 年美国三里岛（TMI-2）核电厂事故造成堆芯严重损坏，但向厂外释出的放射性很少，根据厂内影

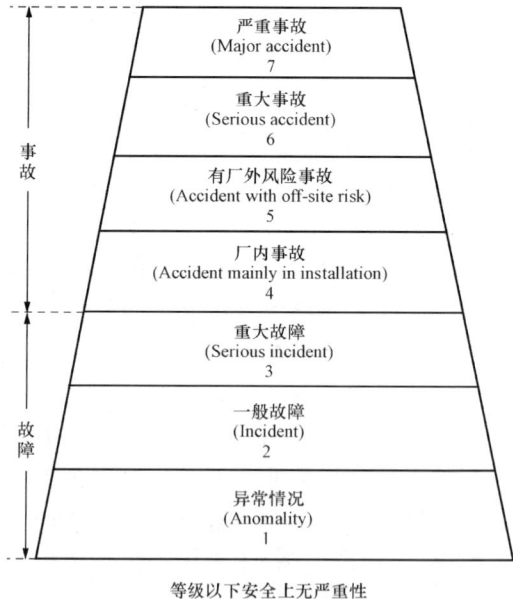

图 1-5　国际核事件等级表

响，把它划为 5 级。

表 1-7 阐明本等级表的基本逻辑，它从厂外影响，厂内影响和纵深防御的削弱三项准则来考虑各种事件。第一个准则用于造成放射性向厂外释放的事件，其最高是第 7 级，代表一个具有广泛的健康和环境后果的特大核事故，最低点是 3 级，代表很少的释放。第二个准则考虑事件在厂内的影响，它的范围从第 5 级，一般代表核反应堆堆芯严重损坏的情况，到第 3 级，这时有重大的污染和（或）工作人员的过量照射。第三个准则适用于使电厂纵深防御削弱的事件，按纵深防御考虑把事件分为 3 级到 1 级。

表 1-7 和表 1-8 是对核事件等级的详细说明。

表 1-7　　　　　　　　　　　　　核事件等级表的基本逻辑

事件等级/说明	准则		
	厂 外 影 响	厂 内 影 响	纵深防御削弱
7/严重事故	放射性大量释放：广泛的健康和环境影响	—	—
6/重大事故	放射性较大释放：完全实施就地应急计划	—	—
5/有厂外风险事故	放射性较少释放：部分实施就地应急计划	堆芯严重损坏	—
4/厂内事故	放射性少量释放：公众照射剂量在规定数量级内	堆芯部分损坏；严重影响工作人员健康	—
3/重大故障	放射性很少释放：公众照射剂量为规定限值的一小部分	严重污染；工作人员超剂量	接近事故；丧失纵深防御措施
2/一般故障	—	—	具有潜在安全后果的一般故障
1/异常情况	—	—	偏离批准的功能范围
0/等级以下	—	—	安全上无严重性

注　表中给出的准则仅是粗略的说明。

表 1-8　　　　　　　　　　　　　国际核事件等级表

等　　级	说　　明	准　　则	例
7	严重事故	大部分堆芯装载（含有短寿命和长寿命放射性裂变产物）向外释放，放射性量相当于 10^{13} Bq ^{131}I。有严重危害健康的可能性，在一个广大的区域内可能涉及不止一个国家的滞后健康影响，有长期环境后果	1986 年前苏联切尔诺贝利事故
6	重大事故	裂变产物向厂外释放，放射性量相当于 $10^{15}\sim10^{17}$Bq ^{131}I。极可能需要完全实施就地应急计划，以限制严重的健康影响	—
5	有厂外风险事故	裂变产物向外释放，放射性量相当于 $10^{14}\sim10^{15}$ Bq ^{131}I。某些情况下需要部分实施应急计划，例如就地掩蔽和（或）撤离以减轻可能造成的健康影响；由于机械效应和（或）熔化使大部分堆芯严重损坏	1957 年温茨凯尔事故；1979 年美国三里岛事故

续表

等　级	说　明	准　　则	例
4	厂内事故	放射性厂外释放，但厂外个人最高照射剂量仅为 mSv 量级； 除可能需要实行当地食品控制外，一般不需采取厂外防护措施； 由于机械效应和（或）熔化，堆芯有某些损坏； 工作人员所受剂量可能会导致严重危害健康的影响（1Sv 量级）	1980 年法国圣·洛朗事故
3	重大故障	放射性厂外释放超过批准限值，导致厂外个人最高照射剂量为 10^{-1}mSv 量级，厂外不需防护措施； 由于设备故障或运行在厂内造成高辐照水平和（或）污染，工作人员超剂量（个人剂量超过 50mSv）； 安全系统进一步失效就足以导致事故，或者出现某些触发因素就足以使安全系统不能防止事故的情况	1989 年西班牙凡德洛斯故障
2	一般故障	技术故障或异常情况，它们虽不会直接或立即影响到电厂的安全，但可能会导致今后对安全设施的重新评定	—
1		功能性的或运行的一些异常情况，这些情况不会造成风险，但它反映了缺少安全措施。这些情况可由设备故障、人为差错或规程不当等原因引起。（这些异常情况应当与未超过运行限值和条件的情况加以区分，并按照适当规程进行恰当的管理，这些情况都是典型的"等级以下"）	—
0	等级以下	安全上无严重性	—

1.6　核电厂运行安全性能指标体系

运行安全性能指标（Operational Safety Performance Indicator，OSPI）是由 IAEA 发起用于评价系统安全的一系列指标。各国政府的核安全机构可以根据各核电站提供的指标信息总结得出个电站运行的安全性能，并能在各电站之间进行横向与纵向的对比，找出影响电站安全的薄弱环节，不断提高电站的安全性。同时对核电设计、运行和管理工作也具有指导意义。

要对核电站运行安全这个概念进行高水平的定义，并不是很容易的。一般认为，在安全水平以内运行的核电站必然具备一定的属性，这些属性可以用核电站多方面的性能指标来监测，一座核电站的各项性能指标只要在允许值以内，该电站就是在足够高的水平下运行。

如何定量地描述核电站的总体性能，进行趋势分析，并通过目标设定来改善核电站的性能，是全世界核电运营者们共同面临的课题。尤其是 1979 年美国三里岛及 1986 年前苏联切尔诺贝利核电站分别发生核事故以后，核电站的安全性能更成为举世瞩目的关注点。为此，IAEA 从 1980 年就开始用一些指标体系来监控电站安全运行的探索性工作，1998 年制定了一个完整的框架；1991 年，世界核营运者协会（World Association of Nuclear Operators，WANO）推出了第一个关于性能指标的报告，为其核电成员国制定了一套由 10 个指标构成的核电站安全性能评价系统。以后，美国核管会（NRC）也制定了用 PI 进行评价的程序。

1.6.1 IAEA 的性能指标体系

IAEA 在 1995 年制定了指标体系的框架及指标制定的导则,在导则中用塔式图表示了电站各级性能指标的关系,见图 1-6。在该框架中 IAEA 提供了塔式图中所列的四层次的指标:安全运行属性、综合运行指标、战略性指标和详细的性能指标,具体指标体系设计者可以参考这一框架建立相应的指标体系。

为了检验指标的有效性与实用性,IAEA 从 1988 年开始用了 8 个月的时间,将其制定的框架程序应用于不同国家的 4 个不同堆型的核电站,进行工厂试验,得到了良好的效果。IAEA 的指标体系是很多核电站建立自己的指标体系的基础,成为国际上公认的 SPI 导则。

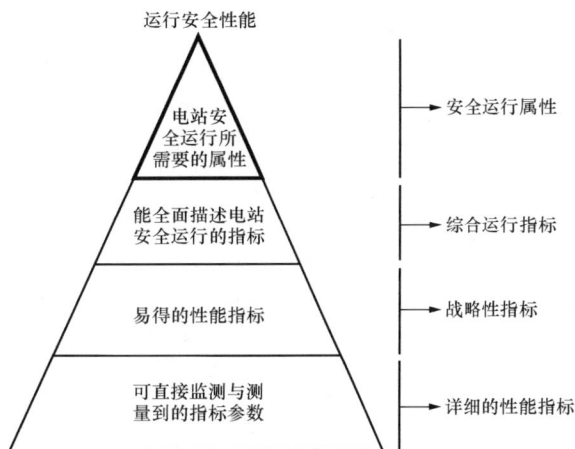

图 1-6 安全运行性能指标塔式图

1.6.2 WANO 的性能指标体系

WANO 性能指标由 WANO 组织在 1991 年成立伊始时推出,其主要作用是为核电站提供一套衡量机组核安全、可靠性、电厂效率和人员安全等方面的定量的、标准化的指标,用于支持核电营运者间的信息反馈和相互比较,鼓励核营运者间相互借鉴和模仿最佳的工业性能,为其设立努力方向提供依据,以监督和改善电站的总体性能,最大限度地提高核电机组的运行安全性能,推动核电事业发展。该指标体系由机组能力因子、非计划能力损失因子、7000h 临界运行自动停堆次数、燃料可靠性、热性能、安全系统性能、化学指标、固体废物量、集体剂量、工业事故率 10 项指标组成,分别从不同侧面反映核电机组的安全可靠运行性能和管理成效,如表 1-9 所示。

表 1-9 WANO 性能指标

WANO 性能指标	定 义	备 注
机组能力因子 (Unit Capability Factor)	电站能够向电网提供的最大电能	高的机组能力因子表明电站的操作与管理减少了非计划的能量损失,并优化了计划的停堆
非计划能力损失因子 (Unit Capability Loss Factor)	核电站因为非计划的能量损失而不能提供给电网的能量,占电站生产的最大电能的百分比	低的值表明电站的重要设备维护得很好,运行可靠,有较少的计划外停堆
安全系统性能 (Safety System Performance)	压水堆机组的安全系统性能指标由三个子系统(高压安注、辅助给水、应急交流电)指标组成	监督电站重要安全系统的备用状态,可以在非正常事件发生时,可靠地投入,避免堆芯损坏
7000h 运行自动停堆次数 (Unplanned Automatic Scrams per 7000hours Critical)	反应堆临界运行 7000h,由于反应堆保护系统动作而引起的非计划自动紧急停堆次数	指标反映了核电站通过减少那些可能导致核反应堆非计划自动停堆的事件来改善安全性能方面的成就

续表

WANO 性能指标	定　义	备　注
化学指标（Chemistry Performance Indicator）	评估电站在改善化学控制方面的进展情况，反映电站在机组寿命控制方面所做的努力	在工业上已经制定了严格的导则去规范该参量
热性能（Thermal Performance）	反映的是将反应堆热能转换为电能的效率，为反应堆所产生的热能与发电机所产生的电能之间的比值	此值越小，说明机组效率越高
燃料可靠性（Fuel Reliability）	主要监测反应堆冷却剂中裂变物产生的活度，是说明核电站第一道屏障完整性的指标	燃料包壳的完整可以减少电站运行与维修期间的辐射
集体剂量（Collective Radiation Exposure）	核电站所有现场人员（包括承包商与参观人员）所受到的总照射剂量	用于比较各核电站在减少工作人员受照剂量方面所实施的辐射防护计划的成效
固体废物量（Volume of Solid Radioactive Waste）	核电站在减少最终处置的低放固体废物方面的成效	以改善公众对核电站在环境影响方面的理解
工业事故率（Industrial Safety Accident Rate）	核电站有效管理范围内，其全部长期从业人员离开工作或被限制性从事轻微工作、甚至发生死亡的事故次数	反映的是核电站在改善长期从业人员工业安全方面的成效

目前，世界上已有 430 多台核电机组按统一的定义、统计口径、计算方法和统计周期向 WANO 提供了数据，因而使 WANO 性能指标成为一套科学的、为社会公认的、可比的指标体系。WANO 指标的推出，为综合评价核电站的性能水平提供了一个有效的工具，用这 10 项指标作为评价各电站安全运行性能的基础指标是有代表性和有意义的。

1.6.3　NRC（美国核管会）的性能指标体系

NRC 的性能指标在该领域占有很重要的地位，美国所有正在运行的核电站都采用 NRC 的性能指标，每个季度都要向 NRC 提交指标相关数据。近来，NRC 的 PI 评价系统进行了改进，用新的 ROP 代替了原有的 SALP 程序，ROP 程序每个季度对电厂进行一次性能评估，主要在以下 3 个领域进行监控：反应堆安全、辐射安全、电站保安。ROP 主要集中在 7 个特别的基准之上：始发事件、缓解系统、屏障完整性、应急准备、公众辐射安全、职业辐射安全与可靠性。在这 7 个安全基准上又进行了更详细的划分，每个基准又分别列出了 1～4 个基本指标，最终得到 18 个性能指标。NRC 各项指标如表 1-10 所示。

表 1-10　　　　　　　　　　　　　NRC 的性能指标

关　键　指　标	安　全　基　准	基　本　指　标
反应堆安全	始发事件	非计划自动停堆
		停堆伴随正常热量导出失效
		非计划功率改变

续表

关　键　指　标	安　全　基　准	基　本　指　标
反应堆安全	缓解系统	安全系统不可用
		高压安注系统不可用
		热量导出系统不可用
		余热排出系统不可用
		辅助给水系统不可用
	屏障完整性	主回路系统活性
		主回路系统泄漏率
	应急准备	应急响应组织的演习
		应急响应组织的准备情况
		警报的可用性
辐射安全	职业辐射安全	职工放射性控制效果
	公众辐射安全	要求汇报的放射性流出物排放
电站保安	实体防护	被保护区内系统设备可靠性
		个人防护大纲的作用
		员工工作适应性大纲的有效性

NRC 指出 SPI 的地位在美国已经有了很大的提高，为越来越多的人所关注。据统计它使美国过去 10 年内的非计划停堆率降低了 3 个百分点，更重要的是安全性能的提高直接影响到了电站经济指标的提升。

1.6.4　三大性能指标体系的综合评价

WANO 的指标制定较早，但该指标体系更多的是为商业运行服务的，存在一些理想化数据，而且指标的数量较少，并不能全面地反映一个核电站的安全性能。即在鼓励核电站营运者运用其十项性能指标进行相互比较时，提供的是各电站各单项指标的数据及相应指标的最佳四分点值（Best Quartile Value）、中值（Median Value）和平均值（Mean Value 或 Average Value）。中值一般又称为行业值（Industrial Value），并没有提供十项性能指标的综合水平和进行综合评价的方法，使电站在进行比较时，只能根据自己的单项指标数据，进行单方面性能的比较，或根据各单项指标的差异大概比较电站的综合水平，而不能运用多个指标对多台机组同时进行比较，不能得到一个量化了的、反映总体水平的概念。

IAEA 是指标体系的首创者，而且制定了指标制定的具体导则，相关技术人员可以在不需要太多调研和试验的情况下，根据导则逐级寻找到各项性能指标。该指标体系的缺点是各电站所需考虑的指标差异性很大，要获得评价的标准需要大量的运行数据的积累，因此制定的周期会很长。

　　NRC 的指标体系较完备，也有相关的导则，更重要的是该体系内的各项指标已广泛应用于全美的核电站，不管是在压水堆还是沸水堆上，其有效性和实用性都得到了很好的体现，而且近来 NRC 对原有的指标体系进行了升级，使其更适合于美国国内核电站。缺点是由于我国现有的核电站还没有直接来自于美国的机组，因此，在制定中要进行较大的调整。该指标体系是否适用于我国的电站需要实践的检验，指标体系制定的周期也较长。

第 2 章 核 电 厂 技 术 规 格 书

中国 HAF103—2004《核动力厂运行安全规定》中要求，为保证核动力厂运行符合设计要求，营运单位必须制定技术规格书。核电厂技术规格书是最终安全分析报告的第 16 章，是核电厂制定运行规程的重要依据，是最重要的运行文件之一；技术规格书必须作为营运单位运行核动力厂的一个重要依据；对运行负有直接责任的运行人员必须熟练掌握技术规格书，并保证遵守。

本章内容主要介绍美国西屋型核电厂的技术规格书。无论哪个核电厂的技术规格书都是大同小异的。应该指出：重要的部分内容都包括在内，重要的部分随后都有着相应的理论依据（BASES）。核电厂技术规格书应规定核电厂运行的基本状态和参数，各系统运行必须遵守的限制条件与监督要求，以及说明按此运行能保证安全的依据。

核电厂技术规格书一般包括以下 6 个方面的内容：术语、定义和应用，安全限值和安全系统整定值的设定，运行限制条件、监督要求，设计特征，行政管理。

2.1 术语、定义和应用

此节包括术语和定义、缩写用词、电厂的运行模式、应用运行限制条件时逻辑连接符的说明、所要求行动完成时间的说明、监督频度的说明等。

2.1.1 定义

在核电厂技术规格书中，首先给出核电厂运行中重要术语的定义是很重要，也是很必要的。为了核电厂的安全运行，对特定核电厂运行中出现的一些专用术语，给出清楚明了的定义，不仅明确、统一，也便于使用。例如，在运行文件中只要碰到"MODE 1"，大家都明确这是第一种运行模式，即功率运行模式。

在美国西屋公司类型核电厂技术规格书中，所有术语定义均以大写字母形式出现，如 MODE，OPERABLE，…，因此，在正文中只要见到全部大写的术语，肯定在定义部分有明确定义。

核电厂运行术语的多少，各个核电厂不尽相同，但是重要的术语都包括了。下面列出少部分术语予以介绍。

（1）运行模式（OPERATIONAL MODE）——模式（MODE）。运行模式（即模式）是相应于表 2-1 中规定的反应堆压力容器内装有燃料时包含下列因素在内的任何一种组合：堆芯反应性状态，功率水平，反应堆冷却剂平均温度和压力容器封头顶盖螺栓张紧程度。

表 2-1 所给出的 6 种运行模式，是美国核电厂的规定。我国的秦山第一核电厂则略有不同，本书采用了广东大亚湾核电厂的运行模式，将在 2.1.2 中介绍。

（2）措施（ACTION）。措施是技术规范中在指定状态下和限定的完成时间内要求采取的行动。

表 2-1		运 行 模 式	
模　式	k_{eff}	额定热功率（%）[①]	冷却剂平均温度（℃）
功率运行	≥0.99	5～100	≥176.6
启动	≥0.99	5	≥176.6
热备用	＜0.99	0	≥176.6
热停堆[②]	＜0.99	0	176.6＞T_{avg}＞93
冷停堆[②]	＜0.99	0	≤93
换料[③]	≤0.95	0	≤60

① 不包括衰变热。
② 反应堆压力容器顶盖的所有螺栓处于完全张紧状态。
③ 反应堆压力容器顶盖的一个或多个螺栓未处于完全张紧状态。

（3）停堆深度（Shutdown Margin）。停堆深度是指下述假设条件下反应堆处于次临界或反应堆从其目前状态达到次临界瞬时的反应性总量：

1）除了假设反应性价值最大的单组棒束控制组件完全提出堆芯外，所有棒束控制组件完全插入堆芯；

2）对于模式1和模式2，燃料和慢化剂温度均为"名义零功率设计值"。

在某一棒束控制组件不能完全插入的情况下，确定停堆深度时必须考虑该棒束控制组件的反应性价值。

（4）轴向中子通量密度偏差（Axial Flux Difference，AFD）。轴向中子通量密度偏差应该是堆芯外两段中子探测器上半段与下半段的归一化通量密度信号的差值。因为是电流信号差，所以也多用 ΔI 表示轴向中子通量密度偏差。

（5）象限功率倾斜比（Quadrant Power Tilt Ratio）。象限功率倾斜比是指上半段堆外中子探测器标定输出的最大值与平均值之比，或下半段堆外中子探测器标定输出的最大值与平均值的比值，取大者。在一个堆外探测器不可运行时，应用其余三个探测器的来计算平均值。

还有很多定义，如通道校准、通道检查、安全壳完整性、可运行性、物理试验等，这里就不一一列举了，但应该说明定义的多少取决核电厂。

2.1.2　压水堆核电厂的标准运行模式

一、运行模式的定义

核电厂可以将机组正常运行的状态按照热力学和堆物理的特性划分为六个"运行模式"。这六个运行模式是反应堆功率运行模式（RP）、蒸汽发生器冷却正常停堆模式（NS/SG）、余热排出系统冷却正常停堆模式（NS/RRA）、维修停堆模式（MCS）、换料停堆模式（RCS）和反应堆完全卸料模式（RCD）。针对不同的运行模式，有不同的运行限值和条件。在某一时刻机组处于何种运行模式，主要根据当时主回路系统的温度、压力、水位、功率水平等特征参数来确定。

（1）反应堆功率运行模式（RP）。本运行模式包括具有如下特性的反应堆工况：

1）一回路满水，稳压器双相状态；

2）一回路冷却剂平均温度介于 291.4^{+3}_{-2}℃和310℃之间；

3) 一回路系统压力调节至 15.5 ± 0.1MPa；

4) 余热排出系统与一回路系统间处于隔离状态；

5) 反应堆临界或处于逼近临界阶段；

6) 慢化剂的温度系数必须是负数（例外情况，在堆芯重新装料后的首次临界而进行的零功率物理试验时，慢化剂的温度系数可以是正数）。

图 2-1 标明了各种运行模式下主回路系统的温度和压力范围。

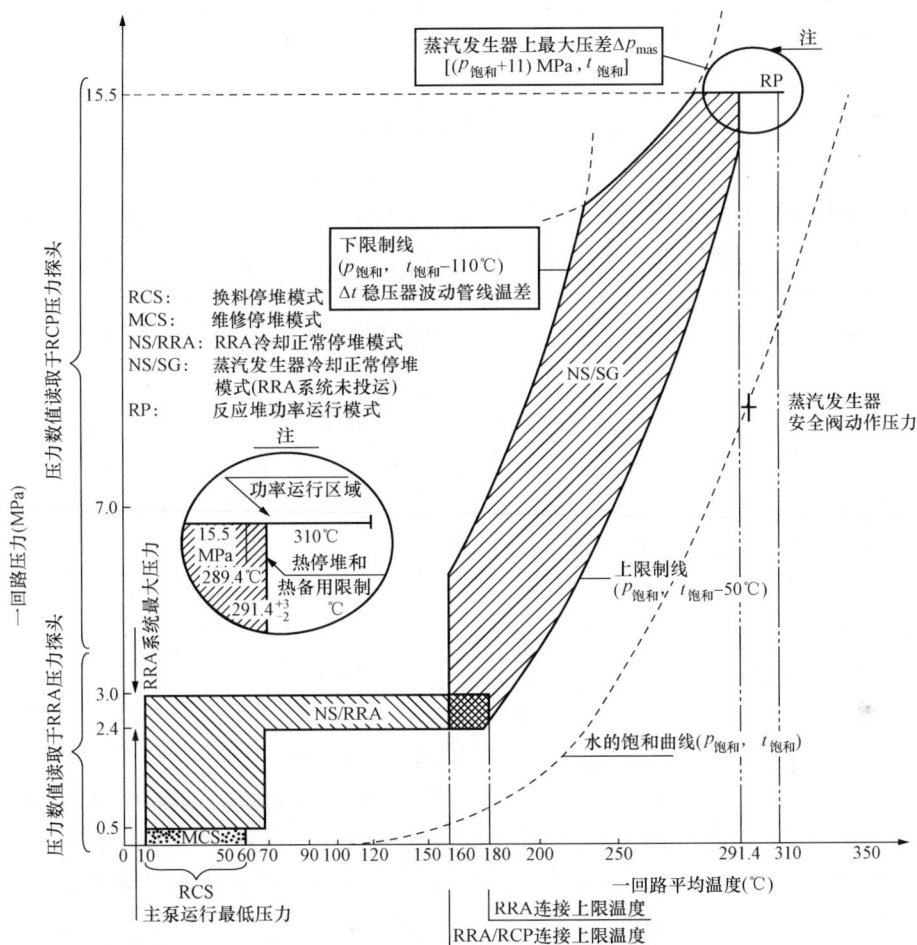

图 2-1 运行模式 p-t 图

（2）蒸汽发生器冷却正常停堆模式（NS/SG）。本运行模式包括具有如下特性的反应堆工况：

1) 一回路满水，稳压器双相状态；

2) 一回路冷却剂的硼浓度在热停堆所需要的硼浓度至 2.5mg/g 之间；如果 2.4MPa$\leqslant p\leqslant$P11[❶] 或 $160℃\leqslant T\leqslant$P12[❷]，则一回路冷却剂的硼浓度在冷停堆所需要的硼浓度至 2.5mg/g 之间；

---

❶ P11 是指一个允许信号，其产生的条件为稳压器内的压力低于 13.9MPa，此时允许手动打开稳压器安全隔离阀，允许手动闭锁低温低压和稳压器低水位安注射信号。

❷ P12 是指一个允许信号，其产生的条件为当冷却剂平均温度低于设定值，此时允许闭锁在关闭状态的汽轮机旁路阀。

3) 一回路冷却剂平均温度介于 160℃和 291.4^{+3}_{-2}℃之间;

4) 一回路压力在 2.4～15.5MPa;

5) 余热排出系统与一回路系统间处于隔离状态。

(3) 余热排出系统冷却正常停堆模式 (NS/RRA)。本运行模式包括具有如下特性的反应堆工况:

1) 一回路满水,稳压器单相或双相状态;

2) 一回路冷却剂的硼浓度在冷停堆所需要的硼浓度至 2.5mg/g 之间;

3) 一回路冷却剂温度为 10～180℃;

4) 一回路压力为 0.5～3.0MPa;

5) 余热排出系统与一回路系统连接 (至少余热排出系统的入口隔离阀门已经打开)。

(4) 维修停堆模式 (MCS)。本运行模式包括了如下特性的所有反应堆标准工况:

1) 一回路水位为高于余热排出系统最低工作水位;

2) 一回路冷却剂的硼浓度为 2.3～2.5mg/g;

3) 一回路冷却剂温度为 10～60℃;

4) 一回路压力为小于或等于 0.5MPa,一回路系统封闭或打开;

5) 余热排出系统与一回路系统相连接。

(5) 换料停堆模式 (RCS)。本运行模式包括具有如下特性的反应堆工况。

1) 反应堆厂房反应堆水池内水位必须高于或等于:①15m,如果反应堆厂房反应堆水池内水闸门尚未就位;②19.3m,如果反应堆厂房反应堆水池内水闸门已就位。

2) 一回路冷却剂的硼浓度在 2.3～2.5mg/g。

3) 一回路冷却剂温度为 10～60℃。

4) 反应堆压力容器的顶盖已被打开。

5) 余热排出系统与一回路系统相连接。

6) 至少还有一组燃料组件处于反应堆厂房内。

(6) 反应堆完全卸料模式 (RCD)。本运行模式包括了反应堆厂房内没有任何燃料组件的反应堆工况。各种运行模式的转换见图 2-2。

二、一回路温度和压力限制

图 2-1 中有一些限制曲线,机组从换料停堆到功率运行所经历各阶段的冷却剂温度和压力必须位于它们限制的范围内。下面对这些限制曲线的物理意义逐一介绍。

(1) 水的饱和曲线。稳压器内汽水两相平衡,蒸汽发生器二次侧是汽水混合物,它们都工作在饱和曲线上。

(2) 主回路的运行温度上限线。从核安全角度上考虑,为防止偏离泡核沸腾,除稳压器外一回路不应出现沸腾现象。另外也要避免主泵运转时泵吸入口局部汽化,造成主泵叶片的汽蚀。故限制一回路冷却剂平均温度应比运行

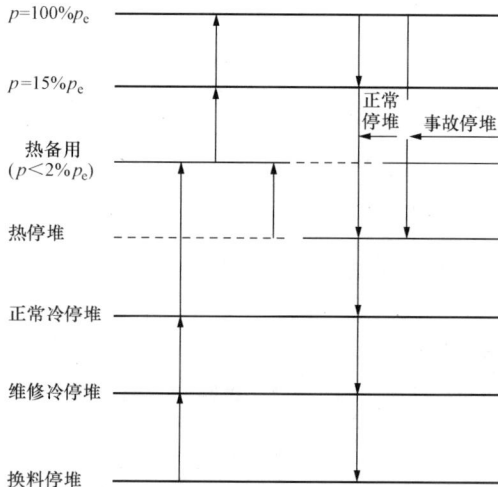

图 2-2　压水堆核电厂的标准运行模式

压力所对应的饱和温度低 50℃，即

$$t_{av} < t_{sat} - 50℃$$

式中：t_{av} 为 一回路冷却剂平均温度；t_{sat} 为 一回路压力所对应的饱和温度。

（3）主回路运行温度的下限线。考虑到稳压器和一回路主管道之间的波动管的两端温差所造成的温差应力，主回路运行的平均温度不得比一回路压力所对应的饱和温度低 110℃，即

$$t_{av} > t_{sat} - 110℃$$

（4）主回路额定运行压力线。RCP 的额定运行表压为 15.4MPa，它的规定是受回路设计的机械强度的限制。为了防止超压对设备造成破坏，在稳压器上有三个安全阀，其动作（绝对）压力分别定在 16.6、17.0、17.2MPa。

（5）蒸汽发生器管板两侧最大压差的限制线。蒸汽发生器 U 形管的管板是一块开有许多小孔的平板，由于受机械强度和应力的限制，管板两侧的压差不得大于 11.0MPa。管板一回路侧的压力就是主回路压力，二回路侧的压力在饱和曲线上，故把饱和曲线上移 11.0MPa 就得到该限制线：

（6）主泵启动的最低压力限制线。主泵启动前必须使 1 号轴封动、静环的端面分离，这就要求轴封两侧压差须大于 1.9MPa，为此规定主泵必须在冷却剂表压力大于 2.3MPa 时运行。

（7）余热排出系统的运行参数限制线。余热排出系统设计的最高运行温度为 180℃，最高运行表压力为 2.9MPa。余热排出系统退出运行的最低温度为 160℃，换言之，当主回路低于 160℃时，余热排出系统必须投入运行，这是为了防止反应堆容器在温度较低时发生脆性断裂。因为余热排出系统已投运时，如果主回路压力意外升高，可由余热排出系统的两道安全阀进行保护（定值分别为表压 3.9MPa 和 4.4MPa），否则，压力升高的保护只有依靠稳压器安全阀，其定值是表压 16.5MPa，这在反应堆容器寿期末是危险的。

（8）硼结晶温度限制线。硼酸在水中的溶解度随温度升高而增加，为防止低温时一回路水中硼酸结晶而析出，限制一回路水温不得低于 10℃。在 10℃时，硼酸在水中的溶解度为 3.51%。

（9）主泵启动温度线。当反应堆冷却剂温度达到或超过 70℃时，至少应有一台主泵已在工作，以避免启动第一台主泵造成主回路系统超压的危险。因为在主泵启动前，由化学容积控制系统供给的主泵轴封水有一部分流进主回路系统，造成泵腔及附近主管道内温度较低。当反应堆冷却剂温度大于 70℃再启动主泵时，泵腔内的冷水进入蒸汽发生器被反向加热，有可能造成冷却剂体积膨胀而超压（此时稳压器是满水状态，对温度引起的体积膨胀极为敏感）。

（10）NS/RRA 模式压力低限线（$5 \times 10^5 Pa$）。NS/RRA 模式压力高于 $5 \times 10^5 Pa$ 是为了防止控制棒驱动机构卡涩。

2.2　核电厂的运行限值与条件

核电厂运行限值和条件起到的作用为：防止发生可能导致事故工况的状态；如果发生了这种事故工况，则要减轻其后果。前者的含义是运行限值和条件必须对启动、功率运行、停

堆过程、停堆状态、维修、试验和换料等各种正常运行方式和预计运行事件规定安全要求；后者的含义是运行限值和条件必须对保证所有安全系统（包括专设安全设施）能在事故工况下执行功能的各种要求作出规定。

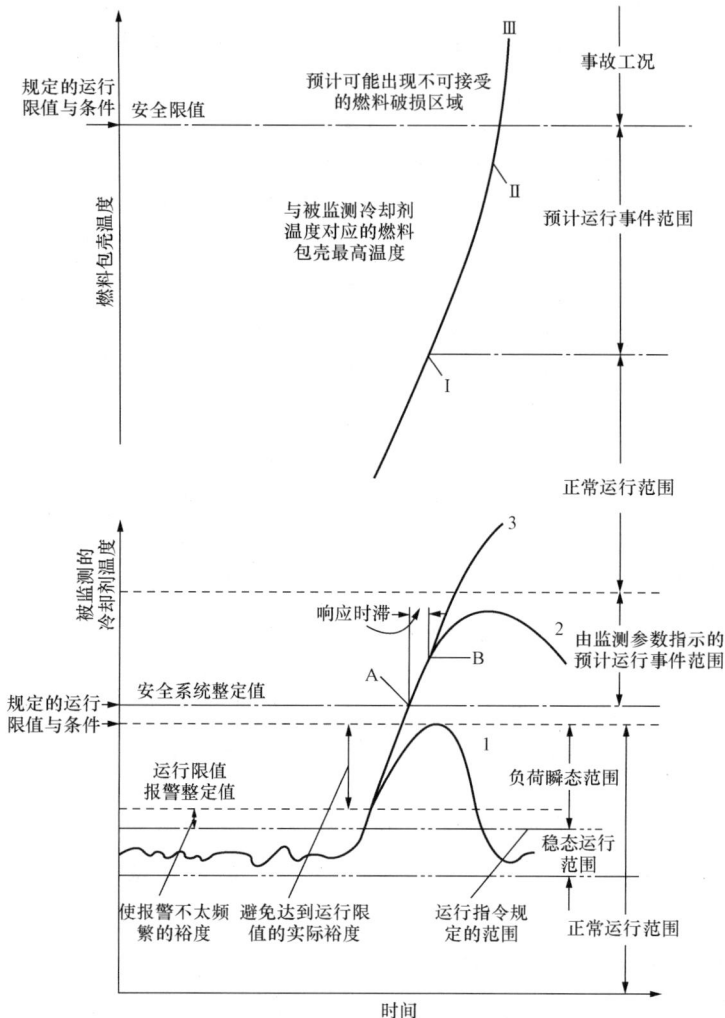

图 2-3　运行限值和条件的示意图

运行限值和条件根据其性质可分为安全限值、安全系统整定值、正常运行的限值和条件及监督要求。这些条件是一个逻辑体系，在这个体系中，上述各类是密切相关的，其中安全限值表明了安全条件的最大限度。图 2-3 说明了安全限值、安全系统整定值以及正常运行的限值之间的相互关系。为了明确起见，图 2-3 中的例子仅描述所考虑的是燃料包壳温度的情况，它显示了燃料包壳温度可能经受的不同形式的扰动。在图 2-3 中假设，在安全分析中已确定了被监测参数（此处指冷却剂温度）与燃料包壳最高温度之间的关系，而对燃料包壳温度已规定了一个安全限值。分析表明，受监测的冷却剂温度达到安全系统整定值时，安全系统的动作可防止燃料包壳温度达到安全限值。如果超过此限值，大量的放射性物质可能会从燃料元件中释放出来。图 2-3 中曲线 1 为负荷瞬态范围，曲线 2 为预计运行事件的范围，曲线 3 为事故工况。

2.2.1　安全限值

安全限值是过程变量的限值，在此范围内核电厂运行是安全的。

基本的安全限值是指燃料温度、燃料包壳温度和冷却剂温度的限值，超过此限值就构成了事故状态。其中燃料和包壳温度是不可测量的，必须通过可监测的过程参数和（或）其组合来判断是否超过安全限值。它的基本依据是防止核电厂发生不可接受的放射性物质释放。如果能保持燃料包壳的完整性，从燃料中释放大量放射性物质就不可能发生，为此，最重要的是要保持反应堆冷却剂系统压力边界的完整性。在防止放射性物质释放方面，完整的压力边界和安全壳又是燃料包壳的后盾。这里仅列举反应堆堆芯及冷却剂压力限值。

（1）反应堆堆芯。热功率，稳压器压力和运行环路最高冷却剂温度的组合不得超过图 2-4 所给出的限值。

适用范围：模式 1、2。

措施：①无论何时，只要由运行环路最高冷却剂温度和热功率组合所确定的点超过了相对稳压器压力限值，则核电厂应在 1h 内处于热备用模式，并遵从相应技术规范的要求；②少于三个环路的运行受"所有反应堆冷却剂环路必须要运行"这条技术规范的限制。

说明：这主要是为了防止燃料过热和燃料包壳可能穿孔而造成裂变产物释放到反应堆冷却剂中。燃料元件的运行被限制在泡核沸腾范围，这里传热系数大，包壳表面温度稍高于冷却剂饱和温度，以防止燃料包壳的过热。

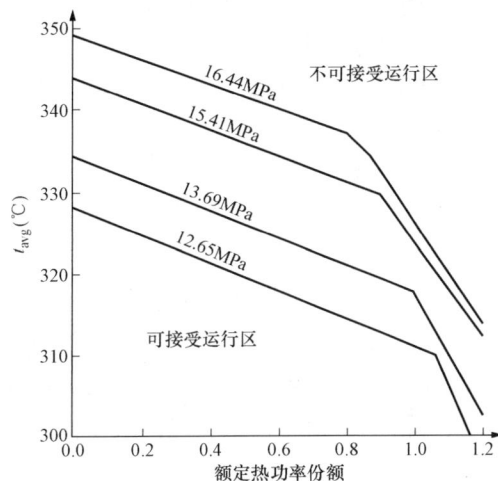

图 2-4 某反应堆堆芯安全限值

稳态运行，正常运行瞬态以及预期瞬态下的最小偏离泡核沸腾比（MDNBR）值一般限定为 1.30。这个限值实际上是保护核电厂第二道安全屏障（包壳）的一个必要条件。

（2）反应堆冷却剂系统压力。反应堆冷却剂系统压力不得超过 18.9MPa（对于 Shearon Harris Unit 1）。

适用范围：模式 1、2、3、4、5。

措施：①对模式 1、2：无论何时，只要反应堆冷却剂系统压力超过 18.9MPa，则核电厂应在 1h 内使反应堆冷却剂系统压力处于限值内的热备用模式；②对模式 3、4、5：无论何时，只要反应堆冷却剂系统压力超过 18.9MPa，则核电厂应在 5min 内将反应堆冷却剂系统压力降至其限值之内，并遵循相应技术规范的要求。

说明：这主要是保护反应堆冷却剂系统不受超压而保持完整性，因此可防止反应堆冷却剂内的放射性核素泄漏到安全壳空间里。

这个限值实际上是保护核电厂第三道安全屏障的一个必要条件。

如果出现了违反安全限值的运行事件，将按《核电厂营运单位报告制度》的规定要求上报国家核安全局。

2.2.2 安全系统整定值的设定

本部分主要讨论与给出反应堆紧急停堆系统仪表的整定值。

（1）关于功率量程中子通量密度高变化率。

1）正的高中子通量密度变化率紧急停堆保护是防止中子通量密度快速增长的。这种快速增长是在任何功率水平上发生控制棒弹棒事件的特征。这是专门用于补充功率量程核功率高定值和低定值停堆保护，以确保在出现弹棒事件下能满足安全准则。

2）负的高中子通量密度变化率紧急停堆保护是确保在多种控制棒落棒事件时 MDNBR

能保持在 1.30 限值以上。

（2）超温温差（Δt_{OT}）与超功率温差（Δt_{OP}）。

1）超温温差紧急停堆保护堆芯，防止在各种压力、功率、冷却剂和轴向功率分布的组合情况下发生偏离泡核沸腾。这种保护用于慢瞬变，即对于堆芯到温度探测器的管道传输延迟来讲为慢的瞬变，且压力处在稳压器高、低压力紧急停堆之间的范围。

2）超功率温差紧急停堆保护确保在各种可能的超功率情况下燃料的完整性，即燃料芯块无熔化，进一步限制了超温温差紧急停堆所要求的范围，同时也对高中子通量密度紧急停堆提供后备保护。

注意：超温温差的定值随一回路压力变化而变化，例如一回路泄漏，稳压器压力下降从而引起超温温差的定值下降，这就有可能引起汽轮机自动快速降负荷。而超功率温差的定值点则是不随一回路压力的变化而变化的。

按照 HAD103/01 的要求，对可影响热传输系统压力或温度瞬态的其他参数或参数组合，都要选定安全系统整定值。超过某些整定值将引起停堆以抑制瞬态，超过另一些整定值将导致其他自动动作以防止超越安全限值。还有一些安全系统整定值用于使专用安全系统投入运行，这些专用安全系统的作用是限制预计瞬态过程，以防止超越安全限值，或减轻假想事故的后果。在一些核电厂的运行技术规格书中，将安全系统的整定值归并到运行限制条件中。这样的好处是减少了不必要的重复，将每个安全系统仪表的有关读数的允许值和停堆整定值并列，使发生瞬态后两者之间的裕度能否适应响应的需要更为清晰、明了。

2.3　运　行　限　制　条　件

运行限制条件（Limiting Conditions for Operation）简称为 LCO。

这部分首先要对适用范围（Applicability）有清楚地理解。这部分常称之为根源交代（Motherhood Statements），可见它的重要性。在运行技术规格书中规定这些原则要求是十分必要的。

运行限制条件的适用范围如下所述。

（1）当在各种运行模式或所指定的其他工况下，对技术规格书中运行限制条件的规定都要求遵从；如果不能满足其中的规定，则必须满足其相应的措施的要求。

（2）当运行限制条件的要求和其相应的措施要求在指定的时间间隔内都没有满足时，必定不遵从技术规范。如果在指定的时间间隔内，运行限制条件就恢复了，则就不需要完成措施的要求，除非在措施叙述中另有注释。

举例说明：运行限制条件中——最低临界温度。

规范反应堆冷却剂系统最低运行环路平均温度必须要大于或等于 288℃（对于 Shearon Harris Unit 1）。

如果不满足上述运行限制条件要求，则应满足措施要求，即要求在 15min 之内，将平均温度恢复到其限值之内，否则，在下个 15min 之内，核电厂应处在热备用运行模式。但如果在 15min 之内，就能将平均温度恢复到 288℃ 之上，则核电厂就不必处于热备用运行模式了。

（3）当运行限制条件不满足时（提供在相应的措施要求除外），必须要求在 1h 之内，采取措施使核电厂处于一个较低水平的运行模式。可采取的措施有：①至少在下个 6h 之内，使核电厂运行在热备用模式；②至少在随后 6h 之内，使核电厂运行在热停堆模式；③至少再在后续 24h 之内，使核电厂运行在冷停堆模式。

说明：上述是说允许核电厂停留在热备用模式运行 6h。如果此 6h 内还不能满足要求则核电厂需要降至热停堆模式运行，允许时间也是 6h。如果在这 6h 之内仍不能满足要求，则电厂需要继续降级运行在冷停堆模式，允许时间为 24h。

2.4 监 督 要 求

监督要求在核电厂技术规格书中是保证核电厂安全运行，满足运行限制条件的重要措施。它是与运行限制条件伴生的，因此，监督要求部分与运行限制条件部分条数相同，即一条运行限制条件规范紧跟一条监督要求的形式。

2.5 设 计 特 征

这部分内容含本核电厂设计考虑的一些重要问题，如厂址、核电厂的非居住区边界、安全壳、反应堆堆芯（燃料组件、控制棒组件等）、反应堆冷却剂系统（设计压力与温度、总容积等），气象塔位置、燃料储存以及设备循环或瞬变的限值等。

2.6 行 政 管 理

一般核电厂行政管理都包括职责分工、组织机构、核电厂人员资格与授权、招聘和培训、审查和监查、可报告的事件、违反安全限值、规程和计划、报告要求、程序、记录保存、辐射防护政策（高辐射区域）等内容。当然每个核电厂根据该厂的具体情况，均有所差别，不过大同小异。

可见，核电厂技术规格书确实是核电厂运行中最重要文件。它是制定核电厂运行规程的主要依据，也是操纵员和高级操纵员要保证核电厂安全运行必须深刻理解和认真执行的文件。每个操纵员都应该养成严格遵从并执行规范的良好运行习惯。在美国核电厂，如果操纵员在运行中几次违反了技术规范而被美国核管会驻厂监督员发现并报告上级时，就可能会吊销该操纵员的运行执照。

尽管各个核电厂的技术规格书都有所差异，但它的最终目的是相同的，即严格遵从技术规格书中的技术规范是确保核电厂安全运行的必要条件。

第 3 章　压水堆核电厂的调试启动

一座大型压水堆核电厂建设工程可以分为设计、制造、建造、调试与运行几个阶段。调试启动过程是核电厂投产的前一工程阶段，在此过程中，需进行各种必要的试验，以保证安装好的各个部件、设备和系统，及整个电厂都能按设计要求和有关准则正确地运作。

3.1　核电厂调试启动的目的和任务

核电厂调试是使安装好的核电厂成千上万个设备部件和几百个系统运转、并验证其性能是否符合设计要求及有关规定和准则的过程，包括无核反应和带核反应的试验。营运单位作为国家核安全局批准营运核电厂的单位，必须全面地管理、控制和协调整个调试工作，制订好详细的调试大纲、调试程序，合理周密、循序地计划和实施调试工作，并必须自始至终确保安全。

核电厂调试的目的在于验证核电厂构筑物、系统、部件及其仪表是否正确安装，因此首先应验收已安装好的设备和部件，其次进行各个单独系统的试验，然后进行系统的综合试验，直到最终证明整个核电厂能安全运行。在核电厂调试过程中，必须做好一个系统或某个系统的一部分从安装到调试的转移，和从调试到试运行转移的交接工作。

3.2　从安装到调试的转移

核电站所有硬件设备的现场安装施工，是由各有关的安装承包商（Erection Contractor，EC）负责的；而对安装完毕的设备和系统的调试，使其在功能和性能上满足设计要求，是由工程公司调试队（Start-Up Team，SUT）承担的。

从安装到调试的责任转移的标志是安装状态结束报告（End of Erection Status Report，EESR）的签字。在系统或系统的一部分逐一从安装承包商手中转移到调试队手中的过程中，会形成许许多多的 EESR。

当系统发生这种责任转移时，必然会产生系统和设备在某一区域的安装和调试有接口的情况，这时就必须实行对系统的隔离移交（Take-Over for Blocking，TOB），即把要进行调试的系统从安装区域中划分出来，以保证调试时通电、通水、通汽等试验不致危及安装人员及安装区的设备。

因此，当核电站的系统处于安装结束和调试即将开始的阶段，安装和调试活动所涉及的两个文件是安装状态结束（EESR）和隔离移交（TOB）报告。

3.2.1　从安装到调试的责任转移

当一个系统（或系统的一部分）在安装结束转入调试时，即对系统和其设备的责任由安装承包商转到调试队时，要有一个交接文件，即安装结束报告（EESR），在该文件中，安装承包商要向调试队提供与现场设备安装情况完全相符的一切图纸文件资料。

一、EESR 的目标

EESR 应达到的目标如下：

（1）所有有关设备安装正确，符合有关安装程序和技术规格书的要求；

（2）安装结束试验已完成且结果满意；

（3）安装结束试验完成后，系统已处于适当的状态；

（4）系统的安装状态全部正确地文件化（竣工文件、不符合项报告均可供使用，适用于各种部件的所有法定检查和试验均已完成、有关记录可供使用等）；

（5）调试工作可以安全地开始。

二、EESR 的范围

一个 EESR 可以是关于一个系统的文件，也可以只覆盖某个系统的一部分。后者往往是在下列情况下出现：

（1）当该系统由多个安装承包商安装时；

（2）当系统较复杂，需分步进行启动试验时；

（3）当安装工作延误时，为了减少对系统调试进度的影响，可将系统分成若干个功能单元，安装完成一个调试一个。

对于前两种情况，需要在安装活动开始之前由调试队和安装承包商在施工队和工程处的参与下就每一个 EESR 的范围、期限等进行协商确定。EESR 所涉及的系统，其边界必须明确定义，且便于对其进行隔离。

三、EESR 的内容

每一 EESR 包括两部分文件。

（1）EESR 描述性文件（EESR Descriptive）。此文件是 EESR 梗概，它蕴含足够的资料，使有关方面能据此对系统/子系统的安装结束状态进行审查并开始调试活动。

（2）EESR 档案文件（EESR File）。此文件由用以证明安装工作质量的文件和有关保留意见项（Reservations）的文件组成，是安装承包商随着安装工作的进展而积累和编制出来的，在安装承包商、供应商和施工队签字后移交给文档部门管理。

四、EESR 处理过程

当系统的安装工作进展到一定程度，施工队认为虽然还有有关各方都认可的保留意见项存在，但该系统的状态对于进行调试活动已经是足够的了，此时，就可以执行 EESR 的移交过程。图 3-1 说明了此移交过程的步骤。图 3-1 所示各步骤的持续时间和时间点按系统或子系统（特别是对于小的系统）的相对重要性，在施工队与安装承包商达成一致意见的情况下可以改动。施工队代表工程经理部在 EESR 处理过程中起组织协调作用，并负有质量控制监督及检查的责任。实际上，调试队和生产部的代表也总是自始至终积极地参加全部活动。

五、EESR 签字引起的职责转移

EESR 签字表明调试队对该系统负责的开始。EESR 签署前，系统在安装承包商的责任范围内，施工队的工作限于质量控制监督和检查，调试队需要关注、跟踪系统的安装状态。EESR 的签署，就表示调试队接过了对系统的责任。此后，在该系统上的一切活动须经调试队允许后才能进行。

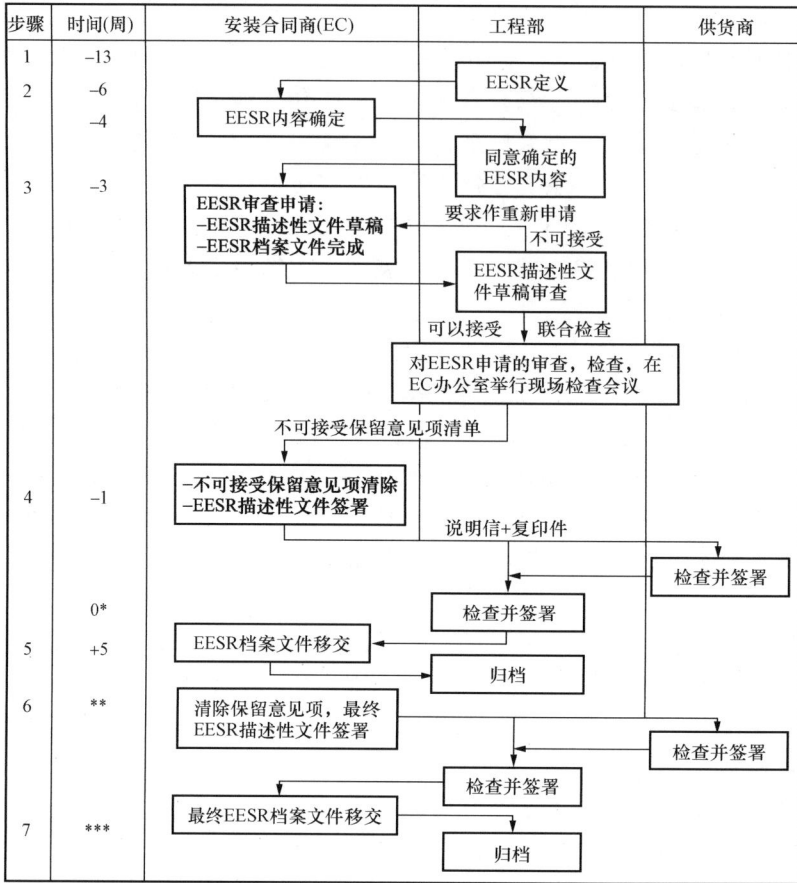

步骤	时间(周)	安装合同商(EC)	工程部	供货商

* 　EESR生效。
** 　根据调试进度计划而定。
*** 　最终EESR生效。

图 3-1　EESR 处理过程流程图

3.2.2　隔离移交（TOB）过程

核电站工程涉及土建、机械、电气、电子、计算机、热能动力、化学处理、核动力、辐射防护和监测等众多学科领域。建设这样的大型工程没有潜在的危险和危害是不可能的。从安装阶段过渡到调试阶段后，对工作人员存在的潜在危险性增加了。因为在安装阶段对设备至多进行简单的安装结束试验，但不通高压水，不充有害气体（如窒息性气体），即不作设备性能校核和单元系统调试，因此对人身和设备无大的潜在危险。

进入调试阶段后，工作人员不免要同转动机械、带电设备、高温高压水和蒸汽、易燃易爆物品及放射性物质打交道（如设备要通电，有的容器或管道会有高压水，有的容器要充氮，有的容器或设备要充氢等），这就带来了一定危险性。一般不能等全部系统都安装完毕后再进行调试，因为如果这样做工程的进度就无法保证。必须安装完一部分，调试一部分，这时安装作业区和调试作业区就会产生犬牙交错的现象。

为了保证设备和人员的安全，建立了一个专门机构，即隔离办公室，责成它在安装结束后，从 TOB（Take Over for Blocking，即隔离移交）签署起，担负起设备监督和维护安全的职责。同时，制定了一套调试管理程序，对调试活动进行管理。这些程序的核心思想是：一切活动（调试、维修、工作等）都要通过许可申请，经隔离办公室实施安全保障措施后，才能允许进入现场工作。只有这样，工作人员和设备的安全才能得到可靠保障。

如上所述，EESR 过程实际上是安装承包商按调试队所要求的范围对已经过安装结束试验的系统进行移交的过程，因此，EESR 的签字标志着安装阶段的结束和调试阶段的开始；而 TOB 是一个与 EESR 过程几乎重合的，对要进行试验的系统进行隔离，从而使试验和工作得以安全地进行的新的过程。

一次 TOB 可以包括一个 EESR 的系统，也可以是多个 EESR 的系统。

一、TOB 的先决条件

在现场作有关 TOB 申请的装置检查时要予以检查的先决条件如下所述。

（1）隔离（Blocking）。检查边界设备（阀门或电气开关）能否锁住（Locking）；检查疏水排气的可能性以及连接到疏水网络的情况（对于电气设备则是检查接地情况）。

（2）符合性（Conformity）。检查装置安装的情况，并且其标牌是否与附在 TOB 申请上的流程图相符合。

（3）安全（Safety）。检查在进行工作和试验活动时对 TOB 区域及和临近的区域的人员和设备有无潜在的危险及采取的安全措施是否足够和得当。

（4）边界（Limits）。检查须进行 TOB 的装置是否与安装区隔开（在图上标出边界）；检查边界的定义是否清晰，与其他 TOB 是否冲突。

（5）铭（标）牌（Labelling）。电气、机械部件要有准确的铭牌（Label）（在这一阶段，临时铭牌也是可以接受的）、临时设备和盲法兰要有识别标志。

（6）其他。检查是否可以通行、容易到达设备的位置，并且安全地对设备进行操作；是否存在其他异常现象。

二、TOB 的检查和签署过程

为了将要进行调试的系统或系统的一部分从安装区域中划分出来实行隔离，就必须准确划分调试区域和安装区域的交接边界，即确认边界设备（通常为开关或阀门）确能将调试活动和安装活动相分割，这就需要精确定义边界设备并对它们进行严格的管理，包括：

（1）由 TOB 文件明确规定边界位置；

（2）边界设备上挂以明确的标志；

（3）标牌；

（4）边界设备的状态必须是明确的，断或合（对开关）、开或关（对阀门）的状态不能随意更动，或随意由人操作，必须用锁锁上。当系统由安装转入调试后，施工人员在调试区域内进行任何工作，都必须先取得调试人员同意，并领取工作许可证以确保施工人员的人身安全和设备安全。

上述目标是通过图 3-2 所表示的 TOB 的检查和签署过程来实现的。

三、TOB 签署后的责任划分

在 TOB 签署之后，有关方面得到"工作许可证"或"试验许可证"或"流体传输许可

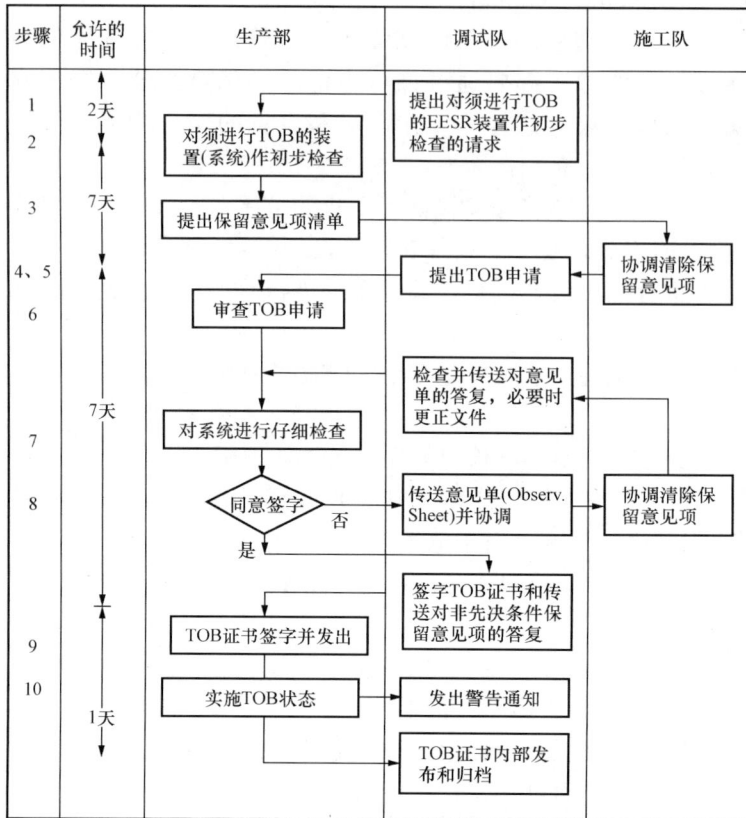

图 3-2　TOB 签署过程流程图

证"后，就可以在 TOB 区域内进行工作或试验（见图 3-3）。此时，各方的责任如下所述。

（1）生产部的责任。

1）生产部的责任主要在于与安全有关的方面：它发出工作或试验许可证，这些活动与隔离经理直接有关。

2）在厂区内发布各种通知（告），如告示、警告牌、粘贴物、警告标签。

3）应调试队的请求，生产部可提供以下服务。①系统的监盘和操作，这可由运行处进行，但其责任属调试队。在监督运行之前，调试队须给出书面的监盘和操作细则；或者必须有调试队授权的代表在场。除了由于准备工作/试验许可证的需要或者对人身或设备有明显的危险的情况之外，运行处人员无权擅自操作设备。②化学分析。③传感器刻度。④试验消耗品的采购，如燃料。

4）所有与电网操作人员的联系都须经过生产部。

（2）调试队的责任。

1）调试队的代表兼负"试验负责人 TS"的责任。

2）协调调试和安装活动，包括与向生产部提出工作许可证和试验许可证的申请有关的准备和分析工作。

3）向生产部申请服务。

4）准备维修移交和交接试运行。

5）按照安全的原则在试验区内进行试验（包括试验的准备、实施、试验结果分析等）。

（3）现场供货合同商。有工作负责人的

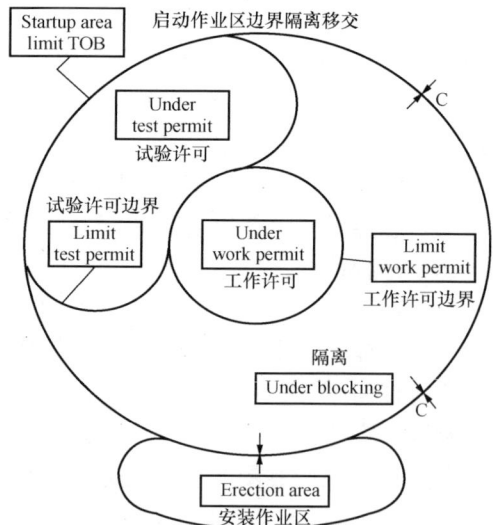

图 3-3　实施 TOB 状态的区域

责任。

四、EESR 过程和 TOB 过程的时间关系

EESR 处理过程和 TOB 签署过程大体上是重叠的，如图 3-4 所示。工程部在收到安装合同商关于 EESR 审查的申请后，要对其进行审查，在认为可以接受时，要在施

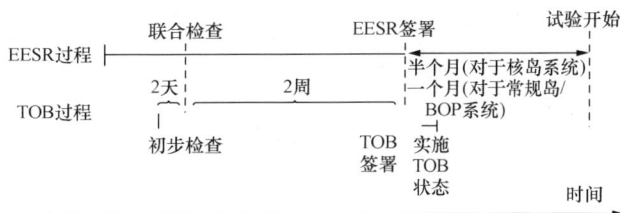

图 3-4　EESR 过程和 TOB 过程时间关系示意图

工队的协调下，调试队和生产部要对 EESR 所涵盖的系统或系统的一部分进行联合检查。有关程序规定，在 TOB 过程中对隔离对象的初步检查要与相应的 EESR 过程的联合检查同时进行。TOB 的签署时间与 EESR 描述性文件签署时间大致相同。在 TOB 签署之后，即可由隔离办公室在一天之内对装置实施隔离措施，并由调试队向全现场发出警告通知。一般情况下，试验开始时间对于核岛系统约在 EESR 签字之后半个月，对于常规岛和 BOP 系统约在 EESR 签字后一个月。在这段时间内，试验人员可办理好试验许可证以及进行其他试验准备工作。

3.2.3　从调试到试运行的转移

系统调试完成后，在进入商业运行前，还有一个至关重要的阶段，即试运行（又称 TO）阶段。一个系统由调试阶段转入试运行阶段，称作 TOTO（见图 3-5）。

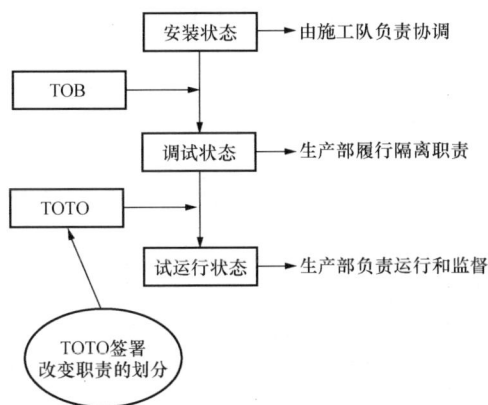

图 3-5　交接试运行

对于调试队，一个系统交付试运行后，可立即转入另一个系统的调试工作；对于生产部门，通过试运行，可以保证人员和设备的安全，验证运行规程使之生效，培训运行人员；对于系统本身，在试运行阶段将逐步暴露出一些设备缺陷，可及早加以消除。

交接试运行过程：对核电厂一个系统（或若干系统）交接试运行，应由调试队提出申请，生产（运行）处签署，交接试运行过程如图 3-6 所示，其主要步骤如下所述。

（1）提出交接试运行（TOTO）文件。由调试队送交生产（运行）处。

（2）系统全面检查。由生产（运行）部门检查列在安装结束状态中的必要条件是否实现，起草意见单。由维修处检查所有继电回路和控制设备的状态。

（3）发出意见单。在收到交接试运行 TOTO 文件申请后的两周内，生产（运行）部门发出包括在交接试运行签署以前的遗留项清单在内的意见单。

（4）召开 TOTO 专门会议。必要时在意见单发出后 3 天内召开专门会议，就系统现场变更的状态，启动试验进展，临时操作指令，遗留项的讨论，文件状态，以及运行人员的培训等议题讨论并作出决定。

（5）发出修改意见单。于 TOTO 专门会议后 2 天内发出。

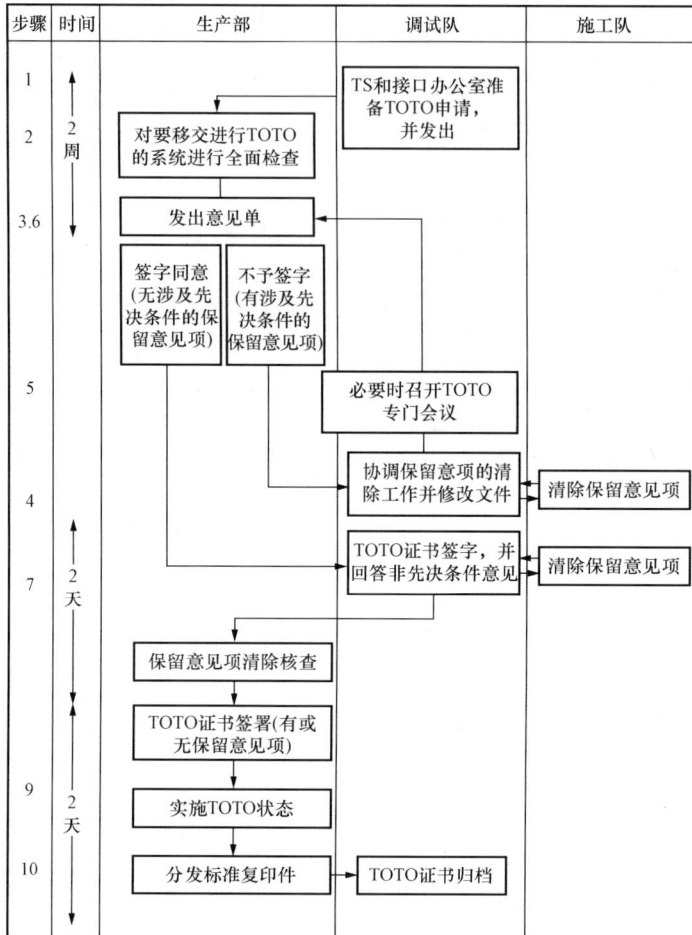

图 3-6　TOTO 过程图

（6）遗留项消除。由调试队协助安装承包商消除遗留项。

（7）交接试运行 TOTO 单的签署：在确认所有遗留项已消除时，经生产（运行）部门同意，授权的代表可在交接试运行 TOTO 单上签字，否则，将不应签署，而一份新的意见单将被发出。

（8）执行交接试运行，交接试运行 TOTO 上应注明生效日期。

在交接试运行 TOTO 签署后，由生产（运行）部门负责系统的运行与监督，必要时，由调试队执行余留试验并处理结果。

3.3　调试阶段的划分

核电厂从设备和系统的安装结束直到商业运行这一整个过程称为调试的阶段。在这个过程中，电厂的每个基本系统必须经历若干个阶段和状态，其调试顺序可参阅图 3-7。图 3-7列出了各调试阶段及其有关情况。

主要的调试阶段是：①A 阶段：预运行试验；②B 阶段：装料、初始临界和低功率运行；③C 阶段：功率试验。

B 和 C 阶段又可以称为运行试验阶段。

（1）预运行试验阶段是指装料前进行的试验，此类试验又可具体分为 I0 和 I1 两个阶段。

子阶段 I0：单个系统的独立试验，包括单项设备试验和系统的基本试验，例如单个部件的初次调试和启动，部件或系统的初始加载，系统的带流体试验等。

子阶段 I1：核蒸汽供应系统的联合冲洗，这是冷态功能试验的前奏。

（2）以上两个阶段属于基本系统试验，以下几个子阶段是装载核燃料前主系统和辅助系统的功能试验。

子阶段 II1：冷态功能试验。它包括冷态水压试验及反应堆压力容器开盖情况下的冷态功能试验。

子阶段 II2：热态功能试验（或称热试车）的准备。

子阶段 II3：热态功能试验。这是核蒸汽供应系统首次在无核燃料装载的情况下升温升压然后降温降压；在这一过程中通过模拟核电厂实际运行条件下的运行事件进行试验。

子阶段 II4：装料准备。原则上，在装料前所有系统都要处于可用状态。

（3）运行试验阶段是指从装料开始直到商业运行进行的试验，包括四个阶段。

子阶段 III1：核燃料装载。安全准确地在核反应堆堆芯内装载核燃料是这一子阶段的根本任务。

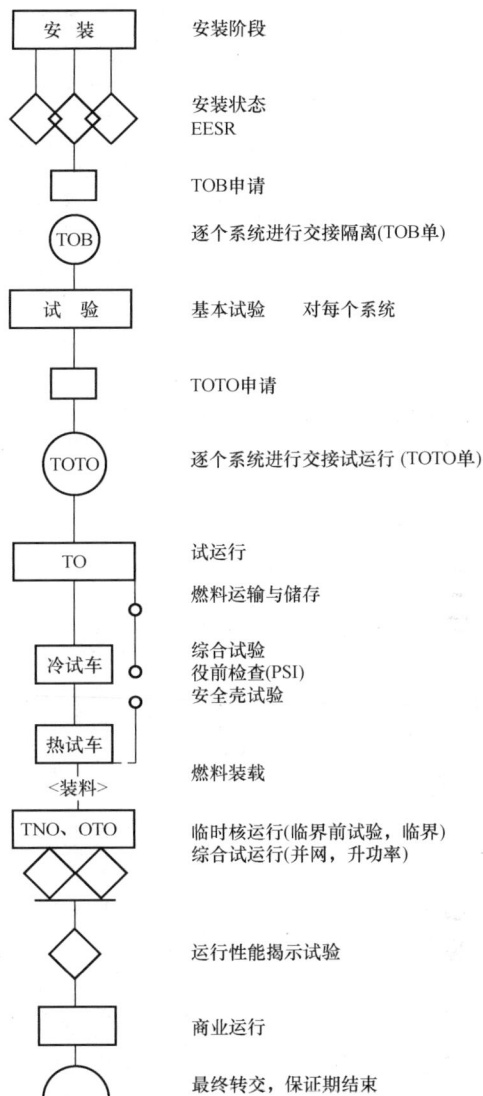

图 3-7　调试顺序

子阶段 III2：临界前的冷态和热态试验。这是在临界前最后一次对系统的功能和性能进行试验。

子阶段 III3：首次临界和低功率试验。核反应堆首次达到临界状态，在低功率（接近零功率）下进行堆芯物理性能试验，然后逐级提升功率水平直至 50％FP，进行有关的试验（包括物理试验及其他试验）。

子阶段 III4：核功率升至满功率过程中的试验及瞬时试验。

在表 3-1 中作了简要的描述与表中所列的各个子阶段所需的时间是平均时间，不同的工程项目各子阶段所需的时间会与表 3-1 有差别。

表 3-1　调试运行阶段表

分类	基本系统的独立试验	预运行试验					燃料装载	运行试验		
实验类别	基本系统的独立试验	NSSS联合系统试验	一回路及辅助回路装料前冷态和热态总体试验				燃料装载	调试	首次临界和低功率试验	运行性能验证
试验名称	单个设备独立试验	NSSS联合冲洗	冷态功能试验	热试验车准备	热态功能试验	装料准备	燃料装载	冷态和临界前试验	首次临界和低功率试验	升至满功率及瞬时试验
阶段标号	I0	I1	II1	II2	II3	II4	III1	III2	III3	III4
平均时间(天)	—	4	2	16	6	6	2	8	8	8
内容摘要	单项设备初步试验： (1) 阀门 (2) 泵、风机 (3) 管道和容器 (4) 电气和控制系统、仪表和控制系统等试验 1) 单个系统（包括回路、系统、控制、电气等）的基本性能试验 2) 特殊情况下系统性能试验	(1) 冲洗并清洗主回路系统主管道和主要辅助系统（安注系统、化容系统/余热排出系统） (2) 验证（如核设备、上充泵、安注泵等）的工作能力 (3) 验证蒸汽发生器隔板水压密封性能	1. 一回路水压试验 (1) 主回路系统高压试验 (2) 核相关系统的冷态功能试验 (3) 核高压部分的泄漏试验 (4) 稳压器系统/化容系统的水化学处理 (5) 盖前检查 2. 开盖情况下冷态功能试验 (1) 安注系统流量整定，再循环时安注泵的净吸入压头验证 (2) 安全壳喷淋系统流量压力试验 (3) 低压安注泵作高压安注泵、安注泵和安全壳喷淋置备用 (4) 电源切换 (5) 余热排出系统和无燃料冷却系统互为备用	(1) 压力容器和其他设备役前检查 (2) 安装的收尾、遗留工作 (3) 调试锅炉、试验用汽轮机组进行常规岛试验	在升温升压和降温降压过程中进行 (1) 主设备（稳压器、蒸汽发生器）功能试验 (2) 化容系统功能试验，仪表系统检查和标定 (3) 辅助系统功能试验，包括主泵辅封水、冷却水流量和温度验证、泄漏探测系统等 (4) 电气系统试验，包括：全厂断电、应急停堆盘试验等 (5) 安全壳通风、隔离系统试验 (6) 支撑件膨胀和约束试验	(1) 设备（包括压力容器内部构件）检查 (2) 仪表、调试安装、遗留时启动仪表调试 (4) 试验和检查 (5) 遗留项消除后的试验 (6) 对结果不满意的重新进行试验 (7) 安注箱试验 (8) NSSS和堆坑充水（c_B = 2200 mg/kg） (9) 模拟装料试验	(1) 检查装料的先决条件是否满足 (2) 装料、核、温测位、就位 (3) 堆芯上部构件与堆内构件连接 (4) 控制棒组动机构驱动连接 (5) 压力容器封盖	1. 冷停状态下的试验： (1) 仪表系统通道密封性、定位 (2) 控制棒动作准确性同测定 (3) 落棒时间测定 2. 升温、升压过程中和热停状态下的热态试验 (1) 监测堆芯冷却剂化学品质 (2) 验证堆芯结构支撑部件的温度正确性 (3) 回路与电阻温度热偶计特性 (4) 检查主系结构正确，确认压力容器水位系统工作正常 (5) 落棒时间测定	(1) 稀释及提棒达临界 (2) 零功率下堆芯物理试验（包括各种状态下临界硼浓度、温度、中子注量率、控制棒效率、棒价值、微分价值等） (3) 10% FP汽轮机发电机并网 (4) 并网 (5) 50% FP以下的物理试验和瞬时试验	(1) 物理测量（中子注量率、反应性系数） (2) PRC、LSS参数测量并最终量值确定 (3) 功率调节棒刻度 (4) 100% FP下瞬时试验 (5) 机组性能试验

3.4 基 本 系 统 试 验

基本系统实验（阶段 I）包括单个系统独立试验（子阶段 I0）和一回路主、辅系统冲洗（即核回路清洗，NCC：Nuclear Circuit Cleaning）。前者包括对各系统的各项设备的检查和初步试验以及系统的基本试验；后者是核蒸汽供应系统（NSSS）从单个系统调试到总体试验的过渡，是冷态功能试验的前奏。本节只对这一阶段调试活动的总体思路作一个概述，并不对单个系统的独立试验逐一予以介绍。

3.4.1 单个系统独立试验

（1）在安装结束、实行责任移交的过程中，以及在责任移交后在建立的试验区内，在系统的试验进行之前，要把组成该系统的各项设备与图纸、设计说明书、合同等对照进行检查，以确认：

1）系统、子系统或部件已按合同和设计要求（包括数量、质量）安装完工，未完工作不会影响调试或调试后所取得结果；

2）设备清洁完好，可投入运行；

3）测试设备经过标定，并可操作；

4）经过安装后的机械或电气设备已经过检查可以进行试验，且不会影响试验结果。

（2）对于下列一些机械、电气及仪表控制设备还需作进一步的检查。

1）阀门。其安装、布置、支撑结构及标牌情况，其可操作性及可维修性，是否可以挂锁，机械、电气和气体的连接件连接是否完好，是否可以自由地进行手动操作，电气接线是否正确，对地绝缘是否良好。

2）泵、风机。其轴是否对中，润滑油的液位是否正确，冷却系统流量正确否，轴是否可以自由转动，监测仪表工作是否正常。

3）容器及管道。容器及管道是否经过冲洗，是否洁净，密封垫是否合适，密封是否完整，是否经过静态水压试验，管道支撑是否正确，紧固螺栓的拧紧力矩对不对，接地是否良好。

4）电机。其定位、支撑、润滑、通风及冷却是否完好；检查其铭牌及标牌的正确性，电气接线的正确性；测量轴承温度热电偶及定子温度探头接线的正确性；对地绝缘、线包间绝缘的情况。

5）继电线路及仪表、控制电路。检查线路是否与图纸相符；对机柜内外接线作目视检查；机柜内安装零件、电缆及内部接线等标牌检查；就地仪表或传感器安装情况及安装前的标定结果及记录仪、指示仪的标定结果检查。只有在上述各项检查的结果都满意之后，才能对各项设备进行初步的调试试验，包括各种调整、刻度、逻辑控制的试验等试验。

（3）前述设备（阀门，泵等）是组成回路系统的主要设备，有关的试验项目举例如下。

1）阀门。泄漏，开关时间，阀门的行程，位置指示，转矩和行程极限的整定值，承压后的可运行性，卸压阀和安全阀的整定值校正及功能，气动阀门的运行和有关信息的传输和处理。

2）泵、风机。振动，噪声，轴承温度，电动机负荷的特性曲线，密封或密封压盖泄漏，密封冷却，流量特性和压力特性，润滑，加速度和惰转。

3）容器及管道。重力冲洗，清除障碍物，调整支架，选用合适的衬垫，调整螺栓扭矩，保温，充水和排气。

4）电机。旋转方向，振动，超载保护和短路保护，整定值和满负荷运行电流之间的裕量，润滑，绝缘试验，电源电压，相序检验，中线电流，带负荷下加速度，在规定的冷态和热态启动条件下的温升，相电流，承载能力的时间及负荷特性曲线，电动机的运行及有关信息的传输和处理。电动泵的电动机部分在与泵不联轴的情况下调试成功后，将其与泵体相连，在小流量的情况下进行试运行，以验证电动泵的运行以及冷却、润滑油系统的运行情况。

5）电气、仪表和控制。对电气设备，在通电前，测量绝缘电压，进行高压试验和控制装置的运行试验，验证其完整性和运行情况；通电后测量电压、频率、电流，完成电压调节等试验；断路器操作，总线切换，跳闸整定值，禁止/许可连锁操作，报警，标定。

在完成单项设备初步试验后，需要进行基本系统的试验。对于不同类型的系统需要进行不同的试验。

对于回路系统，需要进行单个回路的水压试验；将流体（电、气、水等）供给系统作首次启动；进行动力冲洗，即启动回路上的泵对回路进行水力冲洗；按照各种回路系统应该具有的功能特性对系统进行试验。

对于仪表和控制系统，需要进行继电线路、仪控系统的带电调试，包括正常运行时的功能试验，在偏离正常工况时提供报警信号（以便采取纠正措施和监测事件发生的顺序）的试验。仪表和控制系统需在整个设计的运行范围内进行试验，并对功能失常和故障进行模拟试验。有些控制系统可与有关设备一起进行试验。

对于电气系统，则包括对正常和应急交流配电系统、直流系统等的功能试验。

3.4.2　一回路主、辅系统冲洗试验

一回路主、辅系统冲洗试验（NCC）的目的是冷态试验的前奏并为核系统冷态打压试验作准备的。NCC试验是在反应堆压力容器开盖、无堆内构件的情况下进行的。因此，整个核系统是在处于大气压状态下进行试验的。其试验的目的有三个。

（1）冲刷并清洗反应堆冷却剂主管道和主要辅助系统进入主管的管线系统，其中主要是安全注入系统、化学和容积控制系统和余热排出系统；中压安注箱的注入管道特性测量及注入管、试验管道的清洗。

（2）通过冲刷试验了来验证核设备，如上充泵、低压安注泵、中压安注箱、余热排出泵和乏燃料水池循环泵的工作能力和池水净化过滤器的净化能力。

（3）验证蒸汽发生器一次侧水腔与主管道隔阻板的水密封性能，为电厂大修、蒸汽发生器在役检查及维修作准备。

蒸汽发生器的一次侧水腔与主管道出入口连接处用特殊的水密封隔阻板来阻塞。在蒸汽发生器安放隔阻板后，对蒸汽发生器作在役检查和停堆维修时，就可以打开人孔盖进行。因此，隔阻板的水密性是保证人员安全的重要条件，每次安放前均要进行水密封试验。

NCC前，主回路准备的一个重要条件是主泵的联轴和主泵一号轴封水注入。这样设置的原因是：主泵联轴后使主泵的二、三号机械轴封关闭，防止主泵一号轴封水沿轴上窜而向

泵体外泄漏；另外，一号轴封加轴封水后，使其密封面不断有高纯度的除氧除盐水通过，以阻止主回路水进入主泵一号密封而污染其密封面。

NCC 的过程主要包括：主泵一号轴封水投入；压力容器底部充水；主泵电机与泵体连轴；中压安注箱向压力容器卸压冲刷；化容系统上充管线向主回路冲洗；化容辅助喷淋管线向主回路冲洗；热段安注管线向主回路冲洗；冷段安注管线向主回路冲洗；通过余热排出系统再循环主回路系统水；主回路通过余热排出系统/乏燃料水池的冷却与净化系统向厂外排水。

3.5 冷 态 功 能 试 验

冷态功能试验和后面介绍的热态功能试验属于总体试验（Overall Test）范畴。内容包括冷态反应堆压力容器合盖情况下的试验（冷态打压和功能试验）和开盖情况下的功能试验。这两种试验的顺序可以根据具体情况确定。

冷态功能试验主要包括主辅系统的功能试验及其高压边界内的打压试验两部分。所涉及的系统有反应堆冷却剂系统，化容系统，安注系统以及余热排出系统。其主要目的为：

（1）核主辅系统高压部分按承压容器耐压试验规定，按其设计压力 17.2MPa 的 1.33 倍进行耐压试验，时间不少于 30min；

（2）与一回路相关系统（余热排出系统、化学与容积控制系统、主回路系统）的冷态功能试验；

（3）与一回路相连的高压管线的泄漏试验。

水压试验的实验压力一般取设计压力的 1.33 倍，或不低于式（3-1）得到的 p_s 值，即

$$p_s = K p_c \frac{R_F}{R_C} \tag{3-1}$$

式中：p_c 为设计压力；R_F 为试验温度下设备所用材料的许用应力；R_C 为设计温度下设备所用材料的许用应力；K 为系数，对于锻件取 1.25，铸件取 1.5。

试验时水温应高于压力容器脆性转变温度 38℃，以防止在试压时发生脆性断裂。

3.5.1　冷态打压及功能试验条件

冷态功能试验是在核主、辅系统冲洗试验后进行的，此时核岛单系统调试已具备了联合调试的条件，并且各项水质指标均满足要求。除此之外，还必须具备以下条件：两路独立的外电源供电；仪用压缩空气生产和分配系统可用；去离子水生产及分配系统可用；通信系统可用。

核岛部分必须具备的条件如下所述。

（1）主系统和辅助系统的补给水源。为满足冷态试验期间试验系统的充水和补水需要，换料水箱的水来自除盐水生产车间，通过核岛除盐水分配系统给水箱供水，换料水箱水可通过重力或低压安注泵、上充泵向主系统充水。正常试验期间回路的补水是通过反应堆硼和水补给系统向容控箱补水来完成的。

（2）主系统和辅助系统的冷却水源。为向主泵电机、低压安注泵电机、上充泵小流量管线和轴封水回水管线热交换器、余热排出泵轴封水及热交换器提供冷源，设备冷却水系统和

重要厂用水系统应可用并投入正常运行。

（3）反应堆冷却剂系统。反应堆压力容器内，上、下堆内构件就位，在堆芯位置安装堆芯过滤器，以模拟堆芯压差及防止回路异物进入循环回路。压力容器顶盖就位，螺栓上紧，堆芯测量管装上假指塞，堆芯上部测温热电偶和控制棒电缆按正常运行工况连接，蒸汽发生器一次侧人孔盖上紧，管板的二次侧装上管板变形探测装置并保持干燥状态，稳压器安全阀的卸压阀和隔离阀均用特殊装置盲死，在稳压器顶部附上七个热电偶装置以测量其表面温度。主泵电机、循环油泵的试验，三道轴封管线冲洗试验完成，能满足主泵运行启动条件。堆芯压差测量装置就位。

（4）化容系统。化容系统的单系统调试已能满足冷态试验要求。上充泵、容控箱、上充线、密封线、下泄线、过剩下泄线、水质净化和处理部分均能投入使用，特别是主泵一号密封水流量测量仪要经过严格的标定。整个系统经过清洗，水质分析达到核一级水平。安全阀安装就位；容控箱水位和压力调节正常。

（5）余热排出系统和安全注入系统。余热排出系统和安全注入系统的阀门试验、继电保护系统试验、电机和泵试验、回路冲洗均能满足冷态试验的要求。特别是打压试验泵试验完毕，保证压力能升至 24.0MPa。

（6）集中数据处理系统和部件松动与振动监测系统。集中数据处理系统和部件松动与振动监测系统两系统已投入，进行数据采集处理和系统运行监视，以保证核主设备运行的安全。

3.5.2　试验过程

冷态功能试验过程可概括为下列几个重要的阶段：①系统隔离，隔离边界检查，有关运行操作程序生效。②系统动力充水、排气，隔离边界的泄漏检查，相应主辅系统设备投入试验。③主泵启动，动力排气。④各个压力平台（从 2.7、10.0、15.4、16.2、16.5、17.2MPa 至 22.8MPa）边界泄漏检查。正常冷停堆条件下的系统功能试验。⑤降压至 2.7MPa，主回路与余热排出系统相连，冷态功能试验结束。

一、系统隔离、检查和重力充水、排气阶段

在系统边界隔离的基础上，利用换料水箱的高水位差，通过上充泵入口，对高压安注管线充水；同时进行上充泵排气，上充泵启动，对上充管线、高压安注管线动力充水、排气。同样，利用换料水箱的高水位差，通过低压安注泵入口、低压安注泵和低压安注管线，为主系统充水、排气。打开主系统与余热排出系统的连接阀门，向余热排出系统充水、排气。同时，要对余热排出系统的安全阀充水、冲洗、排气。对一回路主系统的稳压器充水，亦是由换料水箱通过低压安注管线。再向主回路冷、热段注水，主系统稳压器可充至 17m 标高。

二、系统动力排气，主泵启动阶段

为保证主泵启动的最低压力，系统升至 2.3MPa 以上。升压后，一定要对隔离边界内外作全面的泄漏检查。升压过程中，要对化容系统有关的压力控制和上充、下泄流量孔板进行校核试验。

（1）主泵启动。主泵启动是动力排气中一个重要步骤，为排除蒸汽发生器一次侧 U 形管顶部的残余气体，只有循环一回路水，将这部分气从 U 形管顶部带到稳压器或压力容器方能实现排气。一般说来，启动运转时间控制在 20～30s 之间为最佳赶气时间。对主泵来说，这是第一次启动，因此事关重大，各项检查工作均要按规程程序进行。检查工作包括主泵电机的冷却水压力、流量，轴承润滑油油位，轴承温度检测装置；主泵主轴的周向和上下的位移量，润滑油泵启动后的主轴上蹿量；主泵一号密封水流量和回水流量的检查，三号密封直立管的水位等，均要严格符合技术规范的要求，在主泵启动过程中要密切注意回路压力的变化，一旦主回路压力低于 1.7MPa 应立即停止主泵。

（2）系统的排气每启动一台主泵后，均要将主回路压力降至标准大气压，以便将在高压下溶解在水中的空气在常压下能释放出来。降压后一般要等待 6～7h，待气体从水中充分释放后再排气，排气点主要是压力容器、稳压器顶部、主泵蜗壳体等。第二台主泵启动升压后（2.7MPa），先将主泵一号密封线排气阀打开，充分排气，并且一定要将余热排出泵投入，将主回路水充分搅拌、排气。三台主泵按上述办法交替启动，排完三个环路的残气。最后，将三台主泵作间隔 25s 的相继启动，并同时运行 30s。

（3）下泄流量验证和回路内残留气体含量计算。

对下泄流孔板用化容系统的容控箱水位变化来进行验证试验，并在升压过程中，用容控箱水位的变化来计算回路残气的含量。

利用容控箱体积 V 公式可得

$$(L_1 - L_2)A = V_1 - V_2 = V_2\left[\left(\frac{p_2}{p_1}\right) - 1\right] \tag{3-2}$$

$$p_0 V_0 = p_1 V_1 = p_2 V_2 \tag{3-3}$$

由此可知

$$V_0 = \frac{p_2 V_2}{p_0} = \left(\frac{p_2}{p_0}\right)(L_1 - L_2)A \frac{1}{\left(\frac{p_2}{p_1}\right) - 1} \tag{3-4}$$

式中：V_0 为常温常压下回路内残气量，m^3；L_1 为 p_1 压力下的容控箱水位，m；L_2 为 p_2 压力下的容控箱水位，m；A 为容控箱截面积，m^2；p_0 为大气压力，Pa。

在排气后，将回路压力升至 2.7MPa，达正常冷停堆条件。

三、2.7MPa 正常冷停堆条件下的试验

（1）关闭小流量阀，仅留主泵一号轴封水（5.4m^3/h）的情况下，作上充泵性能试验，主要测量其泵进出压力及泵体的振动情况。

（2）反应堆冷却剂单相水情况下压力控制检查，对反应堆冷却剂压力和下泄流控制阀，上游压力相互校核，对上充、下泄流量进行流量校核。

（3）水质调节，加 LiOH 以提高回路 pH 值到 11，以保护不锈钢表面。

（4）在余热排出泵全流量运行条件下，对余热排出泵的电流、电压、功率、泵振动情况的测定。

（5）余热排出系统安全阀压力整定试验。

（6）三台主泵试验，在正常冷停堆条件下，相继启动三台主泵，测量泵体振动、轴承温度、电机转速、电流、电压、功率系数，三道轴密封泄漏量等。并密切注意堆芯过滤器压差的变化，堆内松动部件系统投入并监督主回路运行情况。

（7）化容系统水质净化回路，离子交换器投入试验及净化流量测定。

四、2.7～7.0MPa 台阶

升压前隔离余热排出系统，升压至 7.0MPa 后，检查堆芯测量系统高压指塞及通道的密

封状况。检查结果若没有泄漏，升压至 10.0MPa 压力台阶。

五、10.0MPa 压力台阶

在此压力下进行了边界泄漏试验的预试验，对出现泄漏的部件进行维修。

六、升至 15.4MPa 正常工作压力台阶

（1）主泵试验，同正常冷停堆一样。

（2）主回路泄漏试验，以验证总泄漏率低于规定的可泄漏水平。

七、升压至 22.8MPa 的水压试验压力台阶

（1）压力增至 16.5MPa 时，应逐步投入过剩下泄，隔离正常下泄，操作上一定要避免将上述操作程序颠倒而引起回路超压。

（2）打开化容系统控制阀，使试验泵与化容系统、安注系统和主回路系统，打压回路相互连通。

（3）在 17.2MPa 之前要隔离所有热工仪表脉冲管阀，启动试验泵保持上充泵至少有一台正常运转。

（4）相继打开高压安注隔离阀。

（5）升压至 22.8MPa。水压试验期间（大约为 6h），承包商、安装队、业主组成专门检查队，分区对受压设备、边界进行全面检查；役前检查组对各个应检查点进行检查。通过这些检查，经专家鉴定和认可，水压试验正式通过。

八、一回路主、辅系统在压力容器开盖情况下的冷态功能试验

冷态开盖功能试验（Cold Functional Test with Reactor Vessel Open，CFTRVO）的主要目的是全面验证反应堆专设安全设施的安全功能是否满足安全准则的要求，从而确保核电厂在各种事故工况下的安全。冷态开盖功能试验涉及的主要系统及其安全功能如下所述。

（1）安注系统，其中包括该系统的高压和低压安注部分向反应堆冷却剂系统的冷段和热段注入的流量整定，以及当安注系统用安全壳地坑水作再循环时安注泵在给定流量情况下净正吸入压头（NPSH）的验证。

（2）安全壳喷淋系统，在模拟装置上进行喷淋流量和喷淋口压力的试验，以及当安全壳喷淋用反应堆安全壳地坑水作再循环时，在安全壳喷淋泵给定流量情况下，其泵吸入口是否维持为净正吸入压头（NPSH）。

（3）低压安注泵作为高压安注泵的前置泵作安注试验，安注泵和安全壳喷淋泵的互为备用试验。

（4）反应堆水池和乏燃料水池的冷却和处理系统的性能试验。

（5）余热排出系统的性能试验，即在停堆检修状态（一回路管道内水位与管道中心线取齐）下性能试验。

（6）余热排出系统和反应堆水池和乏燃料水池冷却系统泵的互为备用试验。

3.6 热 态 功 能 试 验

热态功能试验（Hot Functional Tests，HFT）是总体试验的重要组成部分。是 NSSS 首次在无燃料装载的情况下升温升压，然后又降温降压的过程中进行试验。也就是说，NSSS 从换料冷停堆状态过渡到热停堆状态，然后再返回换料冷停堆。在此过程中，尽可能模拟核电机组实际运行条件，包括模拟在典型的温度、压力和流量下预期的运行事件，进行相关的试验。

3.6.1　试验的目的

HFT 的目的可以概括为以下三项：①在压力和温度的全范围内对 NSSS 的有关设备和系统的功能响应进行验证，以确定它们能够按照技术规格书运行；②验证定期试验程序和运行程序的有效性；③使操纵员通过试验进一步熟悉电厂的运行。

HFT 的具体试验项目有以下几个。

（1）一回路系统主设备功能试验。

1）稳压器。证明稳压器的控制压力的能力，包括核查安全阀组的运行，调整其整定值，验证喷淋效率和电加热器的效率在可接受的限值之内。

2）蒸汽发生器。检查蒸汽发生器的测量仪表（包括水位计）和控制系统、安全阀压力值整定。证明利用蒸汽发生器排放蒸汽使电厂降温的能力（即汽轮机旁路系统的大气排放阀卸压检查）；对主蒸汽隔离阀进行试验，验证其动作时间在事故分析所用限值之内。核查排污系统，核查加药系统，准确确定由一次侧到二次侧的硼的潜在泄漏率。

3）泵和它的电机（包括主泵）。核查振动、功率需求、润滑、冷却、流量、压力特性、绝缘、超载保护等。进行主泵平衡试验。此外还要进行：①在三台主泵以正常流量运行的情况下对堆内构件进行耐久性试验；②一回路热绝缘性能检查。

（2）反应性和堆芯测量系统。

1）化容系统。核查在不同运行模式下下泄、上充流量的正确性，核查硼化、稀释两种运行方式的有效性，证明硼酸配制箱、硼酸泵房、连接管等处为保持最高硼浓度所需的加热是足够的。通过验证离子交换器的流量、压降、温度以及树脂调节功能，证明净化系统的运行状况。

2）堆芯测量系统。对温度探测器和堆芯热电偶进行互校，并对后者标定，同时检查所有显示装置和有关设备，确定热电偶的修正值。

（3）辅助系统。

1）验证主泵轴封水和冷却水的流量和温度与规定值一致。

2）中间冷却水系统。验证能向各部件提供足够的冷却水，从而保持了温度限值。

3）余热排出系统。在热试后的降温期间，证明系统的降温能力。

4）厂用水系统。热交换器试验。

5）泄漏探测系统。检查安全阀和反应堆容器顶盖密封的疏水管在线的温度探测器，以验证探测泄漏的灵敏度和核查其报警功能。

6）检验蒸汽发生器排污系统的运行和性能。

（4）安全系统。

1）检验安全注入系统运行情况。

2）检验辅助给水系统汽动和电动泵的性能及在事故条件下的性能。

（5）电气系统试验。

1）进行厂外电源断电试验。

2）进行与直流电源 30、48、125V 和 220V 交流电源有关的试验。

（6）膨胀和约束试验。在加温期间的不同温度下，验证设备既能无约束地膨胀，与支撑件间具有可接受的间隙，又不致发生畸变；在降温后，对它们进行核查，确认它们回到接近基准的位置，从而证明在降温期间为无约束移动。

3.6.2 一回路系统升温升压

冷态试验结束后，对高压设备与管道包扎绝热保温层，然后按照运行规程对一回路系统升温升压，利用反应堆冷却剂泵所产生的热量可以把冷却剂系统加热到正常运行温度，还能使蒸汽发生器产生一些蒸汽，因此，可以在堆芯无燃料组件的情况下进行热态性能试验。热态性能试验从一回路系统的充水排气开始。按程序先启动化学和容积控制系统的上充泵，将来自补水系统的除盐水充满一回路系统，同时放气；系统充水后，在达到冷却剂泵启动条件下，交替启动冷却剂泵，赶出聚集在蒸汽发生器 U 形传热管弯头死区的气体。接着将系统加热到 90℃，并保持这个温度，加联氨以消除溶解氧，加氢氧化锂调节 pH 值，直至冷却剂的化学性能达到规定指标，然后继续加热使系统升温升压。在升温升压过程中，为了保证一回路升温速率限制在 28℃/h，稳压器的升温速率限制在 35℃/h，单相时升压速度不超过 0.4MPa/min，必须保证有足够的控制方式来实现一回路平均温度和压力的控制。当一回路平均温度小于 180℃时，由余热排出系统来实现，当平均温度大于 180℃时，由蒸汽发生器通过辅助给水系统及汽轮机旁路系统的大气排放阀来实现，系统压力控制在稳定器汽腔建立前通过化学和容积控制系统的上充下泄来调节。汽腔建立后，由稳压器内的电加热器和喷淋装置来调节。一回路系统的升温升压过程实际上就是把一回路从换料冷停堆状态过渡到热停堆状态，它们是反应堆的两个标准状态。在升温升压过程和热停堆状态期间，进行一系列热态性能试验。

3.6.3 冷却剂系统热态性能试验

一、稳压器压力与水位控制试验

稳压器控制系统投"自动"操作方式，通过手动改变稳压器压力调节器的控制整定值，确定控制系统的运行特性（必要时改变调节器的补偿整定值）。试验时，首先接通稳压器的通断式加热器，使稳压器内压力逐渐升高。分别记录以下压力数值：一回路压力控制系统中的可调电加热器断开喷雾器开始动作到全开（喷雾器经校验后应立即关闭，使稳压器继续升压）、发出稳压器高压报警信号、保护阀开启、发出稳压器压力过高、反应堆紧急停堆信号等。然后，将稳压器电加热器投入自动，并手动调整调节器，打开稳压器的任何一只喷雾器，逐渐降低稳压器压力，分别记录一回路压力调节系统中下述动作的压力数值：保护阀关闭、稳压器高压报警信号消失、可调加热器接通到全部投入、通断式加热器接通（加热器经校验后应切断电源，使稳压器继续降压）隔离阀闭锁、发出稳压器低压报警信号、安全注射系统手动闭锁、发出稳压器压力过低反应堆紧急停堆信号等。最后，系统恢复正常。上述试验的目的是：

（1）校验报警信号和控制整定值，观察动作过程和响应特性；

（2）检验喷雾流量以及稳压器的压力下降曲线；

（3）对保护阀进行热校核，测量开启响应时间，要求小于 2s，并检验保护阀关闭后的密封性能；

（4）校验稳压器电加热器的容量；

（5）根据实验结果作出稳压器压力控制程序图。

二、冷却剂流量试验

稳压器压力控制置于自动操作方式，系统稳定在热态工况下，停止一台冷却剂泵，校验该泵所在环路上蒸汽发生器的流量比较器，发出低流报警和停堆信号的动作，并检查冷却剂泵失电后防反转机构的功能。然后，启动停闭的冷却剂泵测量最大启动负荷，观察报警和停堆信号的消失过程。

三、一回路系统热损失测定

一回路系统（包括稳压器在内）热损失是基于图 3-8 所示的热平衡来测定的，当冷却剂温度保持不变时，一回路系统功率（冷却剂泵加热功率与电加热器功率之和）减去蒸汽发生器与下泄流（在稳定工况下，与上充流相等）带走的热量，即为一回路系统热损失（包括辐射损失和泄漏水热损失），即

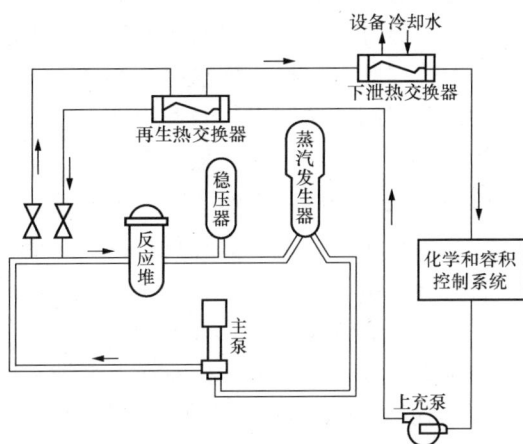

图 3-8　一回路热平衡试验

$$\sum_{i=1}^{3} P_{Pu,i} + P_{EH} = \sum_{i=1}^{3} W_i c_p (T_{SGin,i} - T_{SGout,i}) + W_{LD} c_p (T_{LD} - T_{CH}) + Q_{rl} \qquad (3-5)$$

式中：$P_{Pu,i}$ 为第 i 个环路冷却剂泵加热功率，它等于泵的电功率减去冷却和损耗功率，kW；P_{EH} 为稳压器电加热器功率，kW；W_i 为第 i 个环路冷却剂质量流量，kg/s；c_p 为冷却剂的比定压热容，kJ/(kg·K)；$T_{SGin,i}$ 为第 i 个环路蒸汽发生器冷却剂进口温度，℃；$T_{SGout,i}$ 为第 i 个环路蒸汽发生器冷却剂出口温度，℃；W_{LD} 为下泄流质量流量，kg/s；T_{LD} 为下泄流温度，℃；T_{CH} 为上充流温度，℃；Q_{rl} 为一回路系统热损失，kW。

在测量过程中，通过调节蒸汽发生器蒸发量的办法，保持蒸汽发生器水位不变，建立一回路系统的稳定工况，然后分别记录下列数据：各个环路冷却剂温度和流量；再生热交换器壳侧（下泄流）和管侧（上充流）的进出口温度和流量；冷却剂泵电功率；稳压器电加热器电功率等，即可根据上式算出一回路系统的热损失。

四、稳压器辐射热损失

测定在一回路系统建立稳定工况后，将稳压器水位调节器置于自动，并调整到无负荷整定值，关闭所有喷雾器（但仍有一小股喷雾）停止喷雾。试验期间禁止使用通断式电加热器，也不改变二回路状况，用手动操作可调式电加热器组的开关，直到热平衡建立和压力保持稳定一段时间（如 30min）。在此期间，记录稳压器的温度和压力，以及电加热器的电压，由热平衡关系算出稳压器的辐射热损失，其中包括了一小股喷雾损失。

五、冷却剂系统泄漏量

测定一回路系统工况维持不变，下泄与上充流量相等，观察稳压器水位下降速度，计算泄漏量。

3.6.4　化学和容积控制系统热态性能试验

一、上充下泄性能试验

首先，建立正常的上充下泄流程，并记录每只下泄孔板的流量，以及当下泄流达到额定值时过滤器两端的压力。然后，将过剩下泄热交换器投入工作，让下泄流直接排向容积控制

箱，并在过剩下泄热交换器壳侧的设备冷却水达到额定值时，分别记录下列数据：设备冷却水流量和进出口温度、反应堆冷段温度、过剩下泄热交换器出口下泄流温度等。利用热平衡关系，算出过剩下泄热交换器的下泄流量。

其次，通过缓慢地减少上充流量，而下泄流量保持不变，使再生热交换器壳侧下泄流出口温度上升（此时，稳压器水位会逐渐下降，但不应降到"低一低"水位整定值，可在试验之前，采取提高稳压器水位的办法来加以保证）；或者利用减少下泄热交换器壳侧设备冷却水流量，来提高下泄热交换器管侧的下泄流出口温度。记录系统发出高温报警信号时的温度，检验电磁三通阀将下泄流旁通入容积控制箱动作的正确性。

二、容积控制箱水位自动控制性能试验

（1）置自动补水控制开关于"停止"位置，将水位控制转换阀转向硼回收系统的储存箱。记录容积控制箱低水位报警动作值和换料水箱紧急补水时"低一低"水位值，同时校验紧急补水阀自动开启和容积控制箱下部泄放阀的关闭动作。然后，置水位控制转换阀于"自动"，手动恢复紧急补水和容积控制箱出口阀的正常位置，补水控制开关置于自动，随着容积控制箱内水位的回升，分别记录低水位报警解除和自动补水终止时的水位值。

（2）手动控制上充流量，并以最小速率逐渐提高容积控制箱水位，记录水位控制转换阀转向硼回收系统储存箱时的水位。然后，将水位控制转换阀放在"正常"位置，继续增加容积控制箱水位，记录高水位报警值。重置水位控制转换阀开关于"自动"位置，校验此时流量能否直接流入硼回收系统储存箱，并记录当容积控制箱内水位下降到高水位报警解除时的水位值。

3.7　安全壳性能试验

3.7.1　试验目的

安全壳是核电厂第四道安全屏障，当反应堆发生失水事故（LOCA）时，释放出来的大量放射性和高温高压汽水混合物可被它包容和隔离，以防止对核电厂周围居民产生危害。因此安全壳性能实验的目的就是模拟在 LOCA 事故下，检测安全壳的强度和密封性，以保证实现安全壳的功能。

安全壳性能试验包括安全壳强度试验和安全壳密封性试验两个部分。

安全壳强度试验的验收准则是以安全壳设计计算的应力、变形数据为预期值，与安全壳试验压力下测量的相应值比较，确定安全壳的弹性表现与计算结果相符，没有因试验而由底板变形引起混凝土本身损伤。

安全壳的整体密封性试验的验收准则则是安全壳整体密封性由安全壳的整体泄漏率来评价。不同核电厂的试验压力不同，以典型百万千瓦级核电厂为例，在 0.42MPa 的试验压力下，干燥空气的整体泄漏率 $L_R \leq 0.16\%/d$。

3.7.2　安全壳性能试验测试原理和方法

一、强度试验

对于典型的 1000MW 压水堆核电厂，在 LOCA 事故极端情况下，安全壳内会充满

0.42MPa、145℃的汽水混合物。显然，安全壳性能试验不可能用高温的汽水混合物，而只能采用加压的干燥空气进行，这就需要进行必要的模拟条件换算，以保证试验条件和 LOCA 事故条件等效。

经计算在 LOCA 事故条件下 145℃ 的高温对安全壳产生的热应力为安全壳设计压力 0.42MPa 的 15%，所以安全壳的最大强度和变形是在 1.15 倍的设计压力，即 0.483MPa 表压下测量的。安全壳的强度和变形测量，还需要在若干不同的压力台阶上进行，其目的是为了验证应力、变形的变化是否在弹性变形范围内。

除了检查受压安全壳的内衬表面和安全壳混凝土外表面的裂缝外，主要进行以下测量。

（1）混凝土结构的局部变形。用埋设在弯顶、筒壁、筏基不同部位的 52 个振弦应变仪和相应处的 36 个热电偶温度计来测量混凝土结构的应变并作温度修正。

（2）筒体变形。在安全壳筒体部分外侧的四个象限的三个不同标高上，共埋设了 12 个重锤线，每一垂线有一支点，下挂 20kg 重锤，垂线为 0.8mm 的钢丝，外边用套管保护。每根垂线的下端有一个读数盘，用以测量受压筒体径向位移和高度方向的倾斜。

显然，在垂线下端读数盘读出的垂线位移等于垂线支点标高处的位移。分析三个不同标高处的位移，就可用图示出高度方向的倾斜。

（3）混凝土筏基的变形。在混凝土筏基标 −5.80m 与 −6.10m 之间的两个呈相互垂直布置的 AA，BB 直径上，埋设了 13 个静力水平盒（Leveling Pot），每个水平盒与布置在预应力环廊的相应水罐相连通。筏基在不同的受压条件下，应用连通器原理测量环廊水罐的水位就可测出筏基 13 个水平盒位置的沉降和筏基的环向变形。

（4）安全壳周围大地沉降。在安全壳筏基以外靠近预应力环廊外侧，布置了 12 个地形水平测量标志，用以测量安全壳处于不同受压状态下周围大地的沉降。测量地形水平标志读数用精密光学水平仪。

（5）预应力钢束的张力。在选择的四个圆周象限垂直位置的预应力钢束上，用测力计测量其受压力时钢束张力的变化。

二、密封性试验

安全壳整体密封性试验和局部泄漏试验统称为安全壳密封试验，用来评价核反应堆在失水事故（LOCA）状态下安全壳内气体和其他流体的泄漏量。试验在尽可能接近失水事故工况或可以递推到失水事故工况的条件下用一致认可的方法，在核电厂投运前和以后的服役期内定期进行。运行前试验用以检验施工质量和评价失水事故泄漏的风险。在役试验用以确定安全壳结构及其附件是否继续保证其密封性能，否则须采取相应的弥补措施。

安全壳整体密封性试验又称 A 类试验，通过测量安全壳及其附件的总体泄漏率来检查安全壳的密封性能。目前世界上绝大部分国家均采用绝对压力法测量整体泄漏率（个别国家以参考容器法作为参考方法，如日本和比利时）。

根据反应堆堆型、安全壳结构和试验压力等因素，各国制定出不同的合格标准，即最大允许泄漏率 L 为 0.1～1wt%/d，并要求

$$L_m + \Delta L_m < 0.75L \qquad (3-6)$$

式中：L_m 为试验压力下整体泄漏率测量值，wt%/d；ΔL_m 为不确定性，wt%/d；L 为试验压力下最大允许泄漏率，wt%/d。

LOCA 事故条件下允许泄漏到安全壳外的放射性汽水混合物的最大整体泄漏率为 L_a。

对单层安全壳 $L_a \leqslant 0.3\%/d$ 。由于 L_a 难以测量，将其换算为试验条件下干燥空气的整体泄漏率 L_e 来测量，其换算公式为

$$L_e \leqslant L_a \sqrt{\frac{R_e T_e}{R_a T_a}} K_L \tag{3-7}$$

式中：L_e 为试验条件下干空气的泄漏率；L_a 为 LOCA 条件下汽水混合物的泄漏率；T_e 为试验条件干空气的绝对温度，以 20℃ 即 293K 为参考值；T_a 为 LOCA 条件汽水混合物的绝对温度，418K；R_e 为试验条件下干空气的气体状态常数，其数值为 287J/（kg·K）；R_a 为 LOCA 条件下汽水混合物的气体状态常数，其值为 394J/（kg·K）；K_L 为安全壳的老化系数，法国 RCC-G 规程规定为 0.75。

试验条件下安全壳内干空气质量相对变化率是根据下式，用测得的安全壳内的平均温度、湿度、压力导出的，即

$$m = \frac{(p - p')}{RT} V \tag{3-8}$$

$$\frac{\Delta m}{m_0} = \frac{\Delta (p - p')}{(p - p')_0} + \frac{\Delta V}{V_0} - \frac{\Delta T}{T_0} \tag{3-9}$$

忽略安全壳容积的变化，式（3-9）可简化为

$$\frac{\Delta m}{m_0} = \frac{\Delta (p - p')}{(p - p')_0} - \frac{\Delta T}{T_0} \tag{3-10}$$

式中：m 为安全壳内干空气的质量，kg；p' 为安全壳内气体中水蒸气的平均分压力，Pa；p 为安全壳内气体的总压力，Pa；R 为干空气的气体常数，J/（kg·K）；T 为安全壳内空气的平均绝对温度，K。

为了获得满意的平均温度和平均湿度，在安全壳内不同的位置设置了 59 个铂电阻温度测点和 9 个氯化锂露点湿度测点，每个探测点代表分配的容积。

核电厂投产运行前必须进行 A 类试验，在役试验一般每 3～5 年做一次。

局部泄漏试验又分 B 类试验和 C 类试验。B 类试验是对贯穿安全壳压力边界的部件进行密封性检查，该部件主要包括电气贯穿件、人员闸门、设备闸门和运输通道。C 类试验是对贯穿安全壳压力边界管道上的隔离阀进行密封性检查的。

B 类试验的方法一般为压力下降法（用皂液法检漏）。C 类试验的方法一般为压降法和流量法（均用皂液法检漏）。试验压力通常在安全壳失水事故时的峰值压力以上。合格标准各国不一，即要求 B 类和 C 类试验的总泄漏率在（50%～75%）L 之间。此外，A 类试验中修补后进行的 B、C 类试验结果须叠加到之后进行的 A 类试验的整体泄漏率上。

压降计算法的基本原理是向试验旁路充一定压力的压缩空气，若隔离阀存在泄漏，则试验旁路中压力将下降。根据压力的变化，通过理想气体状态方程而推导出计算公式即可计算出该隔离阀的泄漏率。

如图 3-9 所示，被测试的阀门为 V2。关闭 V1、V2 和 V3 阀，阀门 V1 两端各通过 t1、t2 阀门接压力为 p_c 的压缩空气源，然后关闭 t1。对 V1 和 V2 之间的管路加压到相同的压力 p_c。记录初始和最终的温度和压力。

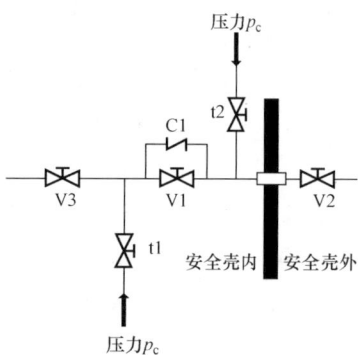

图 3-9 安全壳隔离阀泄漏率的压降计算法

若初始和最终的温度相同，根据理想气体状态方程，有

$$\Delta m = \frac{p_0 V}{RT} - \frac{p_1 V}{RT} = \frac{\Delta p V}{RT} \tag{3-11}$$

将 m 换算成标准状态下空气的等效体积，有

$$\Delta V = \frac{\Delta m R T_{20}}{p} = \frac{\Delta p V T_{20}}{Tp} \tag{3-12}$$

因此，体积泄漏率

$$Q = \frac{\Delta V}{t} = \frac{\Delta p V T_{20}}{Tpt} \tag{3-13}$$

若初始和最终温度不同，也可以用类似的方法求得。

B、C 类试验的频率一般为两年，但经常开关的贯穿件要经常检查。

3.8　燃　料　装　载

3.8.1　装料准备

在热试车正常、反应堆主回路系统冷却后，压力容器开盖、排水，进行装料准备工作。具体的准备工作包括：设备（包括压力容器内部构件）检查；反应堆保护系统的试验；堆外核仪表（电离室）安装；用模拟信号对核测量仪表进行调整；核查源量程探测器对中子源的响应；用中子源对三套临时启动测量仪表（包括三个临时 BF_3 中子计数管及其二次仪表）进行试验；对燃料装卸输送和储存系统及堆和乏燃料池冷却系统进行检查和试验；检查放射性防护测量系统，进行刻度和报警值整定；按换料停堆要求对 NSSS 系统和堆坑充水（$c_B = 2200mg/L$）。

总之，在装料前，所有相关系统都要处于可用状态。

3.8.2　核燃料装载

（1）核燃料装载是核电机组调试过程中运行试验阶段中第一个子阶段。

将一个个核燃料组件全部安全、准确地装入堆芯，使装料最终完成后的状态与堆芯燃料装载图的设计布置完全一致，即满足运行准则的要求，是装料阶段的任务。为了达到此目的，必须在装料的全过程中把握好以下两个方面的控制。

1）装料过程的控制。参与装料的所有人员必须学习和了解试验程序，必须按规定的职责组织起来，各司其职，在堆芯装料负责人的领导和协调下完成装料任务。装料过程中的每一步骤都必须反复检查、核实，确保无误，并有文字记录。

2）反应性的控制。在装料的全过程中，应始终使堆芯的物理状态处于深次临界（即远离临界点），以确保核安全，因此，在装料过程中必须控制堆芯反应性的引入。

引起堆芯反应性变化的因素有：向堆芯内添加燃料组件，或降低冷却剂硼浓度，都将引进正反应性。如果使水中的硼浓度增加，就会引进负反应性，在装料过程中硼浓度的降低可能是由于在堆芯内意外注入清水，或注入浓度低于原来的硼浓度的硼水造成的。这种意外的注入，特别是不可控的注入，有可能使堆芯意外超临界，酿成核事故。因此必须严格控制清水和低浓度硼水的注入。

（2）在装料过程中，对堆芯状态的监督要通过对中子计数率的监督来进行。中子计数率监测的有关事项如下所述。

1）核仪器。在堆芯装料之前，两个堆外永久性的源量程通道（Source Range Channel，即 SRC）及 3 个临时的 SRC（它们的探测器直接装入堆芯）须处于运行状态。装料期间只要 3 个 SRC 中有两个可用，装料操作就可继续进行。在装入最后一个燃料组件时，两个堆外的永久性 SRC 必须可用。

2）计数率检测。从第一个燃料组件装入堆芯起至装料结束的全过程中，都须对中子计数率进行检测。在首先装入 8 个燃料组件后以及随后的装料过程中，5 个 SRC 至少有 2 个计数率不低于 2 计数/s。具有这样的计数率的 SRC 才可以认为是可用的。

监测堆中子计数率是为了确保堆芯处于次临界状态。监测原理如下：当反应堆处于次临界状态时，堆芯中子计数率与次临界度的关系为

$$n = \frac{S}{1-k} \tag{3-14}$$

式中：n 为中子计数率；S 为中子源强度；k 为有效增殖系数。

当堆芯逼近临界点时，$1-k$ 趋近零，n 将趋于无穷大。

设所选择的初始状态下的计数率（作为参考计数率）为

$$n_0 = \frac{S}{1-k_0} \tag{3-15}$$

当逐个往堆芯内装入燃料组件时，可测得不同的计数率 n_i（$i=1, 2, \cdots, 157$）堆的次临界度也就随之改变，因此

$$n_i = \frac{S}{1-k_i} \tag{3-16}$$

当前状态与初始状态计数率倒数之比与相应的次临界度之比相等，即

$$\frac{\frac{1}{n_i}}{\frac{1}{n_0}} = \frac{n_0}{n_i} = \frac{1-k_i}{1-k_0} = \frac{1}{M} \tag{3-17}$$

在平面坐标上以 $\frac{n_0}{n_i}$ 为纵坐标，以次临界度为横坐标（如前所述，次临界度与装入堆芯的燃料组件的数目成对应关系。因此，实际上，是以装入堆芯的燃料组件数目为横坐标），标出状态点，逐点相连并外推。相邻两个状态点的外推线与横坐标的交点（即 $n_i \to \infty$，意味着此交点即为临界点）应远大于当前的堆芯内的燃料组件数。这样就可作出各 SRC 各自的外推曲线图。

在装料的初始阶段，因堆芯处于深次临界状态，计数率变化不大，因此外推曲线显得比较平缓，甚至与横坐标轴接近于平行。为了便于监测，须保证在每一堆芯状态下都有稳定的计数率。为此，一开始就需把带一次中子源的燃料组件装入堆芯中。由于带中子源的燃料组件的位置变换，或者在靠近临时探测器处添加燃料组件，都会使 SRC 的计数率有较大的变化，此时需改变参考计数率。

图 3-10 给出了中子计数率倒数相对于燃料组件装载数的示意图。图 3-10 中的三条曲线是由于探测器位置的不同而得出的。

首先沿活性区围板装入三套临时的 BF₃ 计数装置 A、B 和 C，两个带有初级中子源的燃料

组件，接着沿堆外两个源量程测量通道的连线方向，先行装料，以形成稳定的板壁，然后在其前后、左右依次装入燃料组件。这种换料方案通常称为平板装料法，其特点是：①在结构上较稳定燃料组件插入时在压力容器内倾斜的可能性小；②带有中子源组件的燃料组件较早装载到规定位置，这样不但简化装料步骤，同时，临界安全性的监督受中子源几何位置的影响较小。

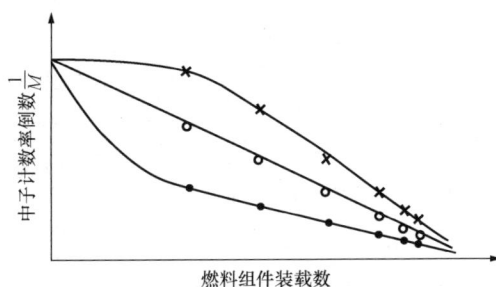

图 3-10　计数率倒数曲线

图 3-11 给出了某压水堆核电厂的装料顺序。由于在同一图上不能完全表示出装料过程中燃料组件位置的变换，为此简单补充说明如下：①首先装入的是两个带一次中子源的燃料组件（即步骤 1 和 2）；②为了使各 SRC 的探测器有足够的稳定计数，这两个组件经过了若干次换位，最后相应于步骤 1 装入的燃料组件在步骤 SC 装入 C-8 位置，相应于步骤 2 装入的燃料组件在步骤 39D 装入 N-8 位置；③步骤 8A 装入 C-8 位置的燃料组件在步骤 8B 装入 N-12，再在步骤 39B 装入 N-8 位置，在步骤 39C 装回 N-12，最后在步骤 45B 装入 R-9 位置；④在步骤 2 装入 A-9 位置的组件移走后，在步骤 9 在 A-9 装入另一个燃料组件；⑤在步骤 155A，156A 和 157A 先后移走临时探测器 C，A，B，在步骤 155B，156B 和 157B 先后装入最后 3 个燃料组件。

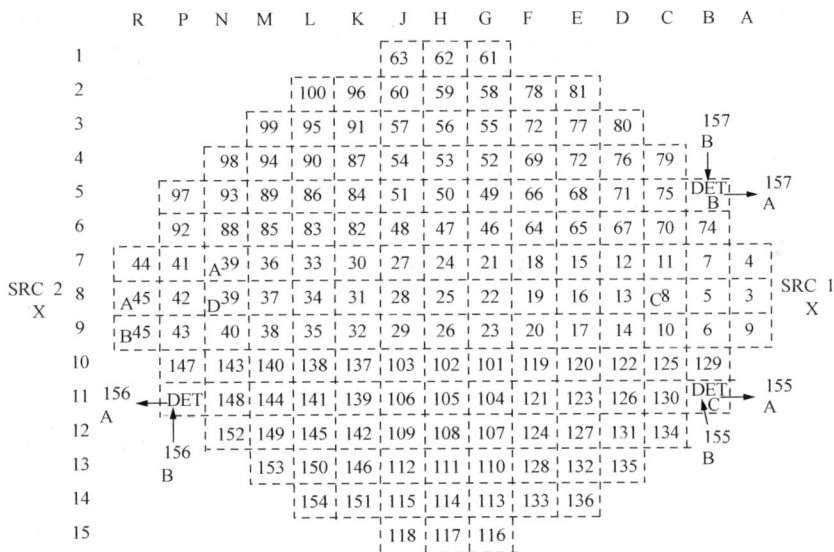

图 3-11　平板装料方案

3.9　临界前试验

燃料组件全部装完后，就安装压力容器压紧部件、压力容器顶盖以及堆顶其他部件。然后，进行临界前的全系统试验，主要是试验燃料装载后一回路的水力特性以及其他在未装燃料前无法进行的试验，如控制棒驱动机构动作特性试验、堆内仪表试验、将堆芯测量仪表套管插入燃料组件并检查驱动系统等。试验的项目及内容见表 3-2。

表 3-2		冷却剂系统泄漏试验项目
序　号	项　目	内　容　概　要
1	冷却剂系统泄漏试验	在堆芯装料和安装压力容器顶盖后，对冷却剂系统作运行前的最后一次水压试验，检验压力容器顶盖的密封性
2	一回路系统流量测定	在装料后的热态工况下： (1) 测定冷却剂泵功率； (2) 测量环路弯管压差，以求得一回路冷却剂流量，并与设计值相比较
3	冷却剂泵惰转流量试验	在额定工况下，当发生冷却剂泵（一泵或数泵）惰转时： (1) 测量冷却剂流量的变化； (2) 测量与失流事故有关的各种延迟时间
4	控制棒驱动机构试验	在冷、热态工况下，对每组控制棒组件的整个行程范围内进行操作试验，验证动作的可靠性，核实棒的速度和驱动机构的供电程序
5	控制棒落棒时间测量	额定流量或无流量时，在冷、热态工况下，测定控制棒组件落入堆芯所需时间
6	控制棒位置指示系统试验	在控制棒驱动机构进行试验时，检查棒位指示器的响应特性，动作过程，并调整指示值
7	保护系统动作试验	利用模拟信号检查每个保护信道，以核实其逻辑电路和输入信号的可靠性，测量响应时间；验证联动、闭锁和旁路的正确动作；检查反应堆的各种紧急停堆方式；并校验报警整定值
8	电阻温度计旁路流量测定试验	装料后，在热态工况下，当冷却剂泵运转时，测定各电阻温度计旁路流量并验证旁路低流量整定值
9	堆内中子通量测量系统试验	在热态工况下，对堆内中子通量测量系统，包括其驱动机构及通量测量系统作完整的电气和机械功能的检查

3.10　初　次　临　界　试　验

初次临界试验，是在热态额定工况下，进行首次物理启动，达到临界，实现反应堆的自持链式裂变反应。

3.10.1　初次临界

压水堆的初次临界是通过从堆内相继提升各组控制棒组件，并交叉地稀释冷却剂中的硼浓度，直至反应堆的链式裂变反应能够自持来达到的。具体步骤如下所述。

（1）提升控制棒组件（以 A 运行模式为例）。在控制棒组件全插入堆芯的初始工况下按规定依次提升腔制棒组件中的停堆棒组 SA、SB，调节棒组 A、B、C，然后把调节棒组 D（又称主调节棒组）提升到相当于积分价值约为 100pcm 插入位置时为止，在提棒过程中以及提棒后，应密切观察核测量系统源量程测量信道的中子计数。并且，根据中子通量的变化情况，随时调整控制棒组件的提升速度，每提升若干步（步数由反应性的每次增加量来确定），应等待一段时间，测量中子计数，作棒位和计数率倒数曲线，并从曲线外推来预计临界值，在确保安全的前提下，再进行第二步操作。

（2）减硼向临界接近。减硼是通过化学和容积控制系统的上充泵，将补给水以规定的流量注入堆芯，并将相同数量的冷却剂排向硼回收系统实现的。按物理设计要求，减硼速率规定为因硼稀释而引起的反应性增加量每小时不超过1000pcm。在减硼过程中，每隔一刻钟停止稀释，对一回路系统和稳压器作取样分析。由于稳压器硼浓度的变化滞后于一回路系统冷却剂硼浓度的变化，为了促使混合均匀，必须投入稳压器的全部电加热器，并打开喷雾器，使两者之间的硼浓度差值小于 20mg/kg；然后，测量中子计数率，直至反应堆的次临界度约为 50pcm 为止。画出中子计数率倒数作为冷却剂系统所添加水量。

（3）次临界下首次刻棒。在临界试验中，当反应堆处于接近临界的次临界状态下，可用计数率外推法对控制棒组件作初刻度，以检验控制棒组件的性能。此时，由于堆内有中子源，如果刻度试验开始时，反应堆的次临界度为 $(1-k_{eff})$ 则探测器的中子计数率 n_1 为

$$n_1 = K\phi_1 \propto \frac{S}{1-k_{eff}} \tag{3-18}$$

接着，把待刻度的控制棒组件如停堆棒组 S1 或 S2 插入堆芯，待中子通量分布稳定后，在同一探测器上测得的计数率 n_2

$$n_2 = K\phi_2 \propto \frac{S}{1-(k_{eff}-\Delta k)} \tag{3-19}$$

比较式（3-18）和式（3-19）可以得出

$$\Delta k = \left(\frac{n_1}{n_2}-1\right)(1-k_{eff}) \tag{3-20}$$

式中：Δk 为所刻度控制棒组件的价值。

用这种方法刻度控制棒组件时，由于测量计数的误差和控制棒组件插入时对中子通量的扰动等影响，刻度的结果比较粗糙，但可获得各控制棒组件大致的反应性价值。

（4）提棒向超临界过渡。减硼操作到反应堆次临界度约为 50pcm 时，提升主调节棒组 D，向超临界过渡。这时，可能有下面两种情况：

1）最后一次减硼操作，经充分混合后，系统已达临界，这时，可通过微调主调节棒组 D，以中子计数每分钟增加 10 倍的速率，提升堆功率到零功率规定水平，然后，插入 D 棒到刚好使反应堆临界的棒位；

2）减硼稀释后，如果按规定速率提升 D 棒达到抽出极限，反应堆仍未临界，则必须重新插入 D 棒，再次以每小时 300pcm 的恒定速率继续减硼，重复上述操作步骤，直至出现正周期为止，然后，提升功率到零功率规定水平。

3.10.2　零功率物理试验功率水平之测定

进行低功率物理试验时，如果功率水平过低，由于扰动或工况不稳定，核测量仪表中的噪声信号将很显著；如果功率水平过高，则由于燃料棒的温度效应，不能得到良好的试验结果。为此，必须通过测量来决定零功率物理试验功率水平之上限。

试验时，临界状态下，提起主调节棒组 D，引入一个相当于周期为 100s 左右的正反应性，堆功率将上升，观察核测量仪表，记录表计上中子通量增长的情况，在所记录的中子通量曲线上，如出现中子通量不按指数规律上升的趋势时，则表明堆内开始产生了核加热效应。因此，应该以比此点低一个数量级的通量水平，作为零功率物理试验时的上限，零功率物理试验的功率水平应在这个通量范围以内。图 3-12 表示一个大型压水堆所测到的结果，功率水平在中间量程测量通道电流指示值是 $10^{-8} \sim 10^{-7}$A。

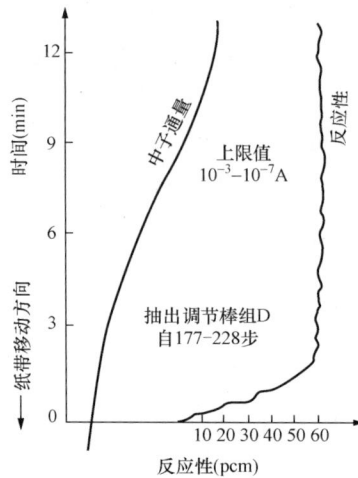

图 3-12 零功率物理试验功率水平之测定

3.11 低功率物理试验

低功率物理试验主要是在热态、功率稍高于零功率时进行的堆物理特性试验，所取得的实验数据用来为运行服务和校核理论计算。试验时，蒸汽排向凝汽器或排向大气。低功率物理试验主要内容见表 3-3。

表 3-3   **低功率物理试验**

项　目	条　件	试 验 内 容
控制棒价值和硼价值测定	热态零功率	在冷却剂硼稀释或加浓过程中，测定控制棒组件微分价值、积分价值，以及整个棒组行程范围内的硼微分价值
模拟弹棒事故试验	热态零功率	在模拟弹棒情况下测定： (1) 弹出棒价值； (2) 临界硼浓度； (3) 堆内通量分布，计算热管因子，并核实是否满足事故分析中所作的规定
最小停堆深度验证	热态零功率	当具有最大反应性价值的一根控制棒组件卡死在堆顶时，测定堆内是否仍具有 1% $\Delta k/k$ 停堆深度的硼浓度值
慢化剂温度系数测定	热态零功率	测量慢化剂的等温温度系数
功率分布测定	低功率	在正常的棒位布置情况下，测量堆内功率分布，以验证燃料组件装载的正确性
放射性水平测定		测定核电厂内部及周围的放射性剂量水平
压力系数测定		确定反应性随冷却剂压力变化关系，由于数值较小，一般不测

3.11.1 控制棒价值和硼价值测定

控制棒组件的效率与中子通量平方成正比，因此，处于不同径向位置的控制棒组件，因中子密度的分布而有不同的吸收能力。从一个控制棒组件来说，位于活性区不同高度时，单位长度的吸收能力也有明显的不同。为了定量描述控制棒组件对反应性的补偿能力，就引入了"控制棒价值"这一概念，其定义为，棒位改变单位长度时所引起的反应性变化称为棒的微分价值，用 α_h 表示，即

$$\alpha_h = \frac{\partial \rho}{\partial h} \tag{3-21}$$

而积分价值是指整个控制棒组件所能补偿的反应性，即

$$\rho_{棒} = \int_0^H \frac{\partial \rho}{\partial h} dh \tag{3-22}$$

应该指出，控制棒组件效率还与堆内温度、中毒、燃耗及堆功率大小有关，各控制棒组件相对位置也有一定的影响，这种现象称为控制棒组件之间的"干涉效应"。对于压水堆来说由于采用棒束型控制棒组件，这种干涉效应不显著。压水反应堆通常是用改变控制棒组件在堆内的位置及调硼操作来调节反应性的，因此，在核电厂正式投入运行之前，应在热态零功率和其后的各个不同功率水平，测定控制棒组件价值和硼价值，即测定调节棒组在不同位置的微分价值、调节棒组和停堆棒组的积分价值，以及不同浓度的硼水所能补偿反应性的能力。目前大型压水堆上普遍采用的一种方法，是对冷却剂进行硼稀释或加硼，利用反应性模拟机测定控制棒组件的微分和积分价值，以及整个控制棒组件行程范围内的硼微分价值。测量工作是在反应堆处于热态零功率工况下进行的，为了保证测量精度，要求如下：

（1）一回路冷却剂温度维持在额定值的 $-2.8 \sim 0$℃ 范围内，温度变化率必须小于 ± 0.6℃/min；

（2）一回路系统压力维持在额定值的 ± 0.168MPa 范围内；

（3）稳压器和一回路系统之间的硼浓度差值小于 20mg/kg；

（4）一回路系统相继两次取样的硼浓度偏差不超过 ± 5mg/kg。

试验时，采用充排水方式，将反应堆补水控制选择开关置于"稀释"（或硼化）的位置，由上充泵向一回路系统注入除盐水（或浓硼酸），对冷却剂硼浓度进行稀释（或加硼）。冷却剂硼浓度改变所引起的堆内反应性变化（增加或减少）速率，应控制在每小时不超过 50pcm。与此同时，必须周期性地插入（或提升）控制棒组件作及时补偿，使反应堆始终维持在临界点附近。通过反应性模拟机和数字电压表监测反应性和中子通量的响应，并且用双笔长图记录仪进行记录，预期的变化径迹如图 3-13 和图 3-14 所示。

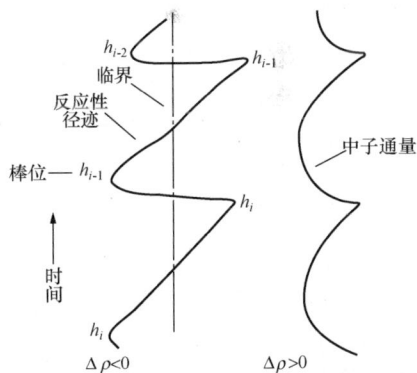

图 3-13　硼稀释时，反应性变化径迹

根据测量结果，可以绘制 $\Delta\rho/\Delta h$ 对 h，即棒组微分价值对棒组位置的微分价值曲线图；$\sum \Delta\rho$ 对 h 的曲线，即棒组的积分价值曲线图，见图 3-15。

从图 3-15 上可以看出，控制棒组件调节棒组 D 的积分曲线有一段近于直线，相应的微分价值 α_h 基本上保持不变，一般称为控制棒组件的线性段，调节棒组 D 这一特性在核电厂控制中是很有用的。调节棒组整个行程范围内的平均硼价值可用比值 $\Delta C_B/\sum \Delta\rho$ 来表示。

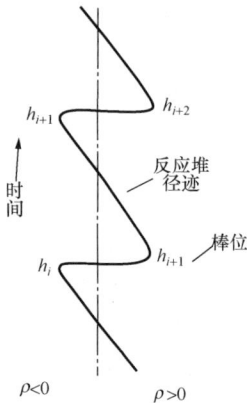

图 3-14　加硼时，反应性变化径迹

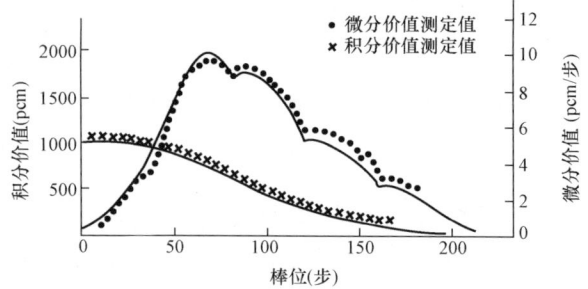

图 3-15　调节棒组 D 组的反应性价值曲线

3.11.2　模拟弹棒事故试验

弹棒事故是指由于控制棒驱动机构的外壳损坏时，在压差作用下，使得控制棒组件迅速射出的事故。

模拟弹棒事故试验是在热态零功率工况下，将插入堆内的调节棒组中反应性价值最大的一根控制棒组件（简称弹出棒）逐步抽出，同时通过向一回路系统冷却剂加硼来补偿提棒引起的堆内反应性的变化。当弹出棒接近全抽出位置时，停止加硼，使一回路系统硼浓度得到充分混合。混合均匀所引起的附加反应性变化，以及弹出棒最后一部分抽出堆芯所相当的反应性，均可移动调节棒组 D 的位置来进行补偿，以维持反应性的平衡。然后，分别测定临界硼浓度、弹出棒反应性价值和堆内功率分布。

（1）临界硼浓度。通过取样分析，测出一回路系统均匀混合时的硼浓度值 C_{Bm}，并根据调节棒组 D 堆内位置的变化 Δh，查调节棒组 D 的价值曲线得到相应的反应性 $\Delta\rho$，再求出模拟弹棒工况下的临界硼浓度值。

（2）弹出棒反应性价值把弹出棒从底部到顶部的全行程按高度标为 h_0、h_1、…、h_n，相应的硼浓度为 C_{B0}、C_{B1}、…、C_{Bn}。于是，弹出棒在 $(h_{i-1}+h_i)/2$ 位置处的价值 $\dfrac{\partial\rho}{\partial h_{i-1\to i}}$ 可表示为

$$\frac{\partial\rho}{\partial h_{i-1\to i}} = \frac{\Delta\rho_{i-1\to i}（棒）}{\Delta h_i} = \frac{\Delta\rho_{i-1\to i}（硼）}{\Delta h_i} \qquad (3\text{-}23)$$

如果以 $\Delta C_{B,i-1\to i}$ 代表弹出棒从位置 h_{i-1} 提升到 h_i 对应的硼浓度变化，则

$$\Delta\rho_{i-1\to i}（硼） = \Delta C_{B,i-1\to i}\,\frac{1}{2}\left(\frac{\partial\rho}{\partial C_{B,i}}+\frac{\partial\rho}{\partial C_{B,i-1}}\right) \qquad (3\text{-}24)$$

因此，只要测出各种浓度下的硼微分价值和弹棒前后堆内临界硼浓度值的变化就能得弹出棒反应性价值。

3.11.3　最小停堆深度验证

在反应性价值最大的一根控制棒组件全抽出，其他控制棒组件全插入的情况下，测定反应堆尚能提供停堆深度为 $1\%\Delta k/k$ 所需硼浓度的试验，称为最小停堆深度验证。

最小停堆深度验证试验是在热态零功率工况下进行，并且假设 F-8 为反应性价值最大的一根控制棒组件。试验开始时，逐步抽出控制棒组件 F-8 到堆顶，使反应堆处于临界，接着，在保持临界的同时，稀释一回路系统冷却剂硼浓度，先将调节棒组 A 全插入，后把停堆棒组逐步插入。为了保证安全，硼稀释速率所提供的反应性增加量每小时不应超过 300pcm。当停堆棒组剩余约 1％反应性时（见图 3-16 所列举的某压水堆停堆棒组价值曲线），停止稀释，并在稳压器和一回路

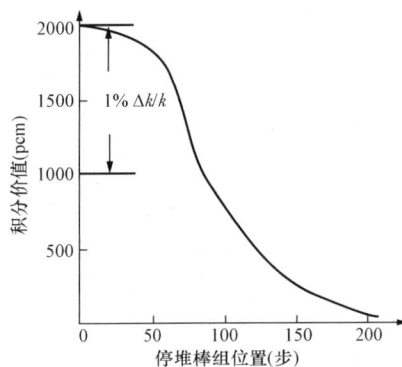

图 3-16　具有 1％（$\Delta k/k$ 停堆深度时硼浓度值）

系统内冷却剂混合均匀的情况下，取样分析，测定硼浓度。测量结果为 956mg/kg，这就是反应堆具有 1％$\Delta k/k$ 停堆深度的硼浓度极限值，它表示在堆芯寿期初，无氙毒工况下，冷却剂硼浓度不允许稀释到此值之下。当然，运行以后随着燃耗的不断加深，此值也应加以适当的修正。

3.11.4　功率分布测定

从反应堆运行来讲，不仅需要随时知道反应堆功率大小，而且还必须掌握堆内功率分布。功率分布比较均匀，则堆芯是安全的，燃料也可以得到充分利用。如果在局部区域内出现超过设计范围的功率峰时，虽然反应堆的总功率未变，但仍有可能发生燃料包壳因过热而损坏的现象。所以，在反应堆各级功率水平上，都要测量堆内功率分布以证实设计计算的可靠性。根据试验测量的结果，可以对全部燃料组件平均功率相对值、总的焓升因子、径向峰值因子和象限功率倾斜进行校核和评价。

由于堆内某处（指燃料棒所在处）发出的功率正比于该处的热中子通量，所以只要测得堆内热中子通量的空间分布，也就知道了功率分布情况。

利用堆内核测量系统可以测量活性区的热中子通量分布。为了能够得到足够的测量信号，测量时可将反应堆功率提升到 3％额定功率的水平，根据中子通量测量系统的输出信号由电厂计算机计算出堆内功率分布。因为中子通量分布与控制棒组布置有关，所以应按正常运行时的棒位进行测量。在低功率工况下，也可对各种不同的控制棒组布置方式进行测量，以作相互比较。

功率分布测量试验在以下功率水平完成：0.1％、10％、30％、50％、75％和 100％P_e。

图 3-17 给出了全堆芯燃料组件平均功率归一化的功率分布。这一结果是根据全堆芯 50 个通量测点的实测值及二维扩散程序计算的理论值扩展成全堆芯 157 盒燃料组件的归一化平均功率。方格中上排数字表明该燃料组件的平均功率与全堆燃料组件平均功率之比值，下排数据表示该盒燃料组件平均功率的测量值与设计值之间相对误差的百分数。

图 3-18 给出了象限功率分布。图中第一排数字表示归一化的全堆芯象限平均功率分布或称象限倾斜。程序计算了八分全堆芯和四分全堆芯的象限功率分布。图中第二排数字表示反应堆上、下两部分的四个象限归一化平均功率分布以及全堆四个象限的轴向偏移 AO。图中第三排数字表示反应堆上、下两部分的四个象限的功率倾斜。

图 3-19 给出了全堆平均轴向功率分布图。横坐标是活性区高度 z，纵坐标表示相对平

	R	P	N	M	L	K	J	H	G	F	E	D	C	B	A
1							0.647 / 1.4	0.824 / 1.2	0.643 / 0.7						
2					0.685 / 1.3	0.982 / 1.2	1.007 / 1.6	0.927 / 1.2	1.006 / 1.4	0.980 / 1.1	0.686 / 1.4				
3			0.732 / 0.7	1.047 / 1.3	1.079 / 1.4	1.054 / 1.7	1.026 / 1.1	1.052 / 1.5	1.078 / 1.3	1.047 / 1.3	0.735 / 1.1				
4		0.731 / 0.5	0.891 / 0.3	1.081 / 0.7	1.104 / 1.0	1.159 / 1.6	1.090 / 1.4	1.159 / 1.4	1.108 / 1.4	1.087 / 1.2	0.898 / 1.0	0.733 / 0.7			
5	0.681 / 0.7	1.037 / 0.3	1.079 / 0.5	1.100 / 0.6	1.180 / 1.0	1.119 / 1.0	1.098 / 1.2	1.120 / 1.1	1.182 / 1.2	1.103 / 0.9	1.079 / 0.5	1.033 / 0.0	0.677 / 0.1		
6	0.975 / 0.6	1.067 / 0.3	1.089 / -0.3	1.165 / -0.3	1.102 / -0.2	1.168 / 0.1	1.100 / 0.8	1.170 / 0.9	1.108 / 0.4	1.172 / 0.4	1.086 / -0.6	1.059 / -0.5	0.964 / -0.6		
7	0.643 / 0.7	0.997 / 0.6	1.038 / 0.1	1.138 / -0.4	1.100 / -0.7	1.156 / -0.4	1.082 / -0.2	1.065 / -0.4	1.082 / -0.8	1.155 / -0.9	1.099 / -1.0	1.133 / -1.0	1.026 / -0.5	0.982	0.636
8	0.819 / 0.6	0.919 / 0.3	1.009 / -0.5	1.064 / -0.9	1.069 / -1.5	1.075 / -1.5	1.054 / -0.7	1.038 / -0.7	1.056 / -0.5	1.081 / -1.0	1.073 / -1.1	1.059 / -1.3	1.004 / -1.1	0.913 / -0.4	0.810 / -0.5
9	0.639 / 0.1	0.995 / 0.4	1.034 / -0.2	1.140 / -0.3	1.100 / -0.7	1.149 / -0.9	1.066 / 1.6	1.046 / -1.5	1.067 / -1.6	1.143 / -1.5	1.093 / -1.3	1.135 / -0.7	1.030 / -0.6	0.989 / -0.3	0.637 / -0.3
10	0.972 / 0.2	1.068 / 0.4	1.092 / 0.0	1.165 / -0.3	1.089 / -1.3	1.142 / -1.6	1.066 / -2.4	1.138 / -1.9	1.087 / -1.5	1.163 / 0.5	1.029 / -0.3	1.067 / 0.3	0.969 / 0.1		
11	0.681 / 0.7	1.043 / 1.0	1.085 / 1.1	1.099 / 0.6	1.159 / -0.8	1.089 / -1.7	1.059 / -2.4	1.088 / -1.8	1.156 / -1.1	1.092 / -0.1	1.078 / 0.4	1.040 / 0.6	0.679 / 0.4		
12		0.735 / 1.0	0.900 / 1.3	1.084 / 1.0	1.085 / -0.7	1.125 / -1.5	1.053 / -1.8	1.127 / -1.4	1.085 / -0.7	1.078 / 0.4	0.896 / 0.9	0.731 / 0.5			
13			0.739 / 1.6	1.045 / 1.1	1.069 / -0.8	1.028 / -1.0	1.003 / -1.4	1.022 / -1.4	1.062 / -0.2	1.035 / 0.1	0.735 / 1.0				
14					0.690 / 2.0	0.976 / 0.6	0.991 / 0.0	0.910 / -0.6	0.984 / -0.7	0.963 / -0.7	0.679 / 0.4				
15							0.642 / 0.6	0.811 / 0.4	0.636 / -0.5						

图 3-17　全堆功率分布

八分堆芯	四分堆芯	四分堆芯
1.0102 | 1.0111	1.0049 | 1.0038	1.0106
0.9996 |＼／| 0.9943		0.9993 ＼／ 0.9961
0.9993 |／＼| 0.9957	0.9976 | 0.9937	0.9938
0.9959 | 0.9917		

相对功率分布		
堆芯上半部	堆芯下半部	AO分布
(−, +) | (+, +)	(−, +) | (+, +)	(−, +) | (+, +)
0.9247 | 0.9243	1.0851 | 1.0633	−7.979 | −7.920
0.9174 | 0.9144	1.0778 | 1.0726	−0.039 | −7.960
(−, −) | (+, −)	(−, −) | (+, −)	(−, −) | (+, −)

上半部功率倾斜	下半部功率倾斜	
(−, +) | (+, +)	(−, +) | (+, +)	
1.0049 | 1.0044	1.0050 | 1.0033	
0.9969 | 0.9938	0.9902 | 0.9935	
(−, −) | (+, −)	(−,) | (+, −)	

图 3-18　象限功率分布

均功率 $P(z)$，$P(z)$ 为无量纲量。

它的定义是，在活性区高度为 z 的平面上的平均线功率与全堆平均线功率密度之比值，即

$$P(z) = \frac{\overline{P(z)}}{\overline{P}_V} \tag{3-25}$$

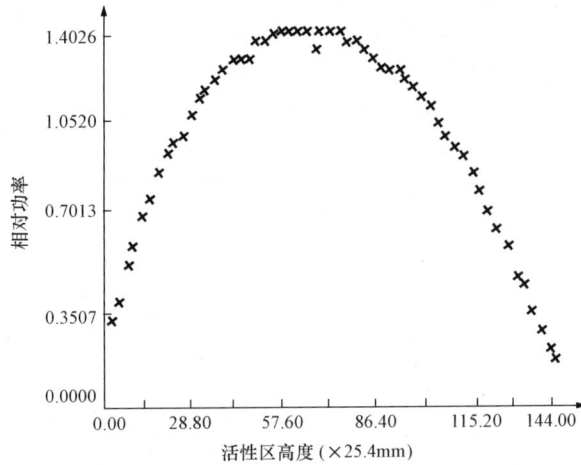

图 3-19　全堆平均轴向功率分布图

另外，还需要给出径向峰值因子的轴向分布 $F_{xy}(z)$。这个物理量的意义是，在活性区高度为 z 的平面上，最大线功率 $P_{max}(z)$ 与该平面上的平均线功率的比值，即

$$F_{xy}(z) = \frac{P_{max}(z)}{\overline{P}(z)} \qquad (3-26)$$

3.12　功　率　试　验

通过临界和低功率物理试验，为核电厂的安全运行提供了必要的试验数据，二回路系统的汽轮发电机组经过热试验，运转正常，厂外输电系统已投入使用，汽轮发电机组并入电网，反应堆可以逐级提升功率，一般分 15％、25％、50％、75％ 和 100％P_e 个功率水平。在每一级功率水平上都要严格地检查反应堆和汽轮发电机组运行是否正常，进行必要的调整与试验，分析安全可靠性，校核各项指标是否符合设计要求。然后决定是否可以继续提升功率。功率提升过程中，需要进行试验的主要项目见表 3-4。

表 3-4　　　　　　　　　　　　　　功　率　提　升　试　验

序号	项　　目	试验功率水平（％P_e）				试　验　内　容
		20	50	75	100	
1	自然循环试验					验证冷却剂系统自然循环带出堆芯余热的能力（仅在同类型电厂的第一代堆上进行）
2	发电机首次同步					汽轮发电机同步到并网，要求电厂参数的变化在设计范围内
3	汽轮机控制系统启动试验	√	√			验证冲动压力特性曲线是否符合设计规定
4	热功率测量和功率刻度试验	√	√	√	√	测量反应堆功率功率量程核测量仪表对照热功率进行刻度
5	功率系数测定	√	√	√	√	验证功率反应性系数计算值正确性，并测定整个功率亏损

续表

序号	项　目	试验功率水平（%P_e）				试　验　内　容
		20	50	75	100	
6	功率分布测定	√	√	√	√	在正常运行的棒位布置情况下，核实功率分布是否符合计算值
7	慢化剂温度系数测定	√	√	√	√	在带功率工况下，测定等温温度系数
8	取样系统试验	√	√	√	√	在低功率物理试验和功率提升过程中，对冷却剂系统取样分析，核实水质是否符合要求
9	放射性水平测定				√	测量厂区内外辐射水平，验证屏蔽设计
10	废液废气监测	√	√	√	√	监测排放量与排放水平
11	蒸汽和水流量仪表刻度试验	√	√	√	√	对蒸汽和给水流量仪表进行刻度
12	蒸汽发生器水位自动控制试验	√				测量蒸汽发生器水位控制系统的工作特性以及维持正常水位的能力
13	核测量仪表调整试验					测量源量程、中间量程、功率量程测量通道之间重叠度数据，调整功率量程高通量停堆整定值，检查通量偏差报警整定值
14	堆内、堆外核测量仪表刻度试验					堆内、堆外核测量仪表以反应堆功率进行刻度校验，根据功率轴向偏差来修正超功率 ΔT 和超温 ΔT 整定值
15	控制棒组件落棒试验		√			验证控制系统对掉落棒组的自动检测能力，以及禁止提棒和汽轮机降负荷的动作过程
16	蒸汽发生器蒸汽水分夹带试验			√	√	在稳定工况下，测定蒸汽发生器出口蒸汽中水分夹带量
17	中毒曲线测量	√	√	√	√	测量中毒曲线，求得平衡氙毒与功率水平的关系
18	碘坑测量	√	√	√	√	测定最大氙毒和碘坑曲线
19	负荷摆动试验	√		√	√	验证核电厂对负荷阶跃变化不超过±10%P_e时的瞬态响应特性和控制系统自动跟踪负荷能力
20	甩负荷试验			√	√	验证自动控制系统和蒸汽排放系统对于承受甩去（50～95）%P_e负荷的能力；评价控制系统之间的相互作用，根据测量数据调整整定值以改进过渡响应特性
21	电厂满功率停闭试验				√	检验电厂在100%P_e下，汽轮机脱扣时的响应特性
22	电厂验收试验				√	满功率连续运行100h的可靠性验证测量电功率测定电厂热效率

3.12.1　二回路热功率测量

二回路热功率 Q_{SE} 就是核蒸汽供应系统的总热量输出，对三个环路带有三台蒸汽发生器的机组来说，是根据图 3-20 所示的测点 B、C 之间的热平衡来确定的。

$$Q_{SE} = \sum_{i=1}^{3} Q_{SGi} \qquad (3-27)$$

式中：Q_{SGi} 代表在第 i 个环路蒸汽发生器中输出的热功率，kW。

当系统达到热平衡后，第 i 个环路蒸汽发生器输出的热功率为

$$Q_{SGi} = (h_{vi}W_{si} + h_{Bi}W_{Bi} - h_{Fi}W_{Fi}) + Q_{ri} \qquad (3-28)$$

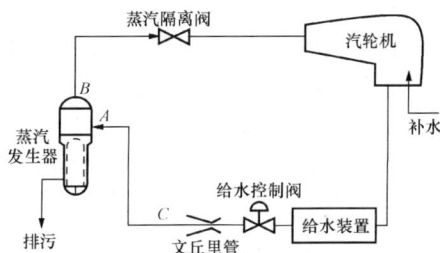

图 3-20　二回路热平衡图

式中：h_{vi}、h_{Bi}、h_{Fi} 分别为出口蒸汽、排污水和给水的焓，kJ/kg；W_{si}、W_{Bi}、W_{Fi} 分别为出口蒸汽、排污水和给水的流量，kg/s；Q_{ri} 为蒸汽发生器的热损失，kW。

在稳定工况下运行时，由于进入蒸汽发生器的给水流量等于蒸汽发生器出口蒸汽流量与排污水流量之和，即

$$W_F = W_s + W_B \qquad (3-29)$$

得

$$Q_{SE} = \sum_{i=1}^{3} \left[h_{vi}W_{si} + H_{Bi}W_{Bi} - H_{Fi}(W_{si} + W_{Bi}) + Q_{ri} \right] \qquad (3-30)$$

在测量过程中，蒸汽发生器应停止排污，即 $W_B = 0$，于是

$$Q_{SE} = \sum_{i=1}^{3} \left[W_{si}(h_{vi} - h_{Fi}) + Q_{ri} \right] \qquad (3-31)$$

3.12.2　功率刻度试验

功率刻度试验是通过试验的方法，来建立堆外核仪表系统功率量程测量通道电离室电流值与反应堆功率之间的关系，以便能迅速反映出堆内的功率水平及其变化情况。大型压水堆核电厂，由于一回路冷却剂流量很大，要精确测量比较困难，所以，目前普遍采用测量二回路热功率，然后根据一、二回路系统之间的热平衡关系，求得反应堆功率 P_R，即

$$P_R = \sum_{i=1}^{3} Q_{SG,i} + Q_{r1} - \sum_{i=1}^{3} P_{PU,i} \qquad (3-32)$$

式中：P_R 为反应堆的功率，kW；$P_{PU,i}$ 为泵功率，kW。

利用上述方法测量反应堆功率精度较高，可以用来对电离室电流指示值进行刻度，建立两者之间的对应关系。功率刻度试验必须在电厂稳定运行一段时间后开始。通过测量二回路给水流量、温度、压力和蒸汽发生器出口饱和蒸汽压力等有关参数，算出反应堆功率，然后刻度电离室电流表。试验至少要重复一次。将几种功率水平下得到的数据，画成反应堆功率与电离室电流之间的关系曲线。图 3-21 是某压水堆核电厂 4 个功率量程电离室电流刻度试验的实际测量值。从图上看出，反应堆功率与电离室电流之间是一个线性关系，反应堆功率应取 4 个电离室电流刻度值的平均值。

3.12.3　功率系数测定

反应堆功率的上升，会引起反应性的损失，这是由于功率提高后，燃料棒温度升高导致238U 共振吸收谱线增加，以及堆内冷却剂温度升高对反应性影响的综合效应。堆功率每变

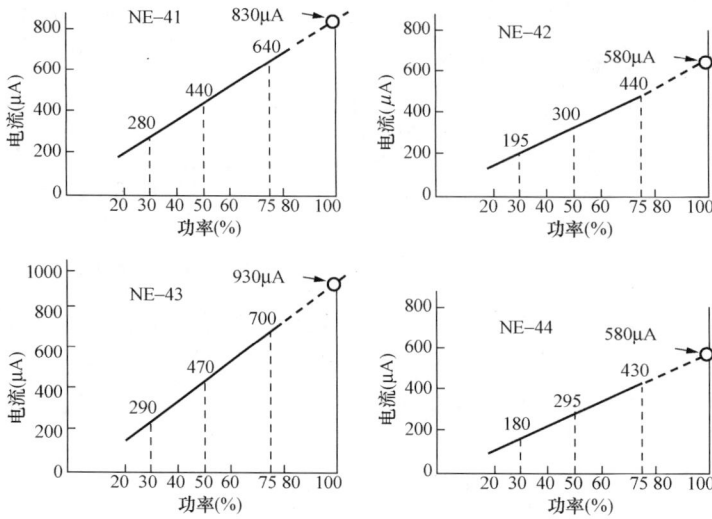

图 3-21 反应堆功率刻度曲线

化 1MW 时所引起的反应性改变称为功率系数，用 α_P 表示，其计算式为

$$\alpha_P = \frac{\partial \rho}{\partial P} \quad (3\text{-}33)$$

压水堆的功率系数是负值，并且绝对值比较大，当反应堆功率发生变化时，它是首先起稳定作用的因素。

反应堆在低功率工况下作功率系数侧定时，通过手动提升调节棒组 D 使功率增加，达到某一功率水平后，维持堆的稳定工况。记下电离室电流表上的功率增长值 ΔP，同时，根据调节棒组 D 在功率改变前后的棒位变化 Δh，从它的微分价值曲线查得相应的反应性变化 $\Delta \rho$，即可得出功率系数 α_P。

当反应堆在 $15\% P_e$ 以上运行时，功率调节系统能自动跟踪负荷变化，只要在提升功率的同时，分别记录反应性和功率随时间的变化。即 $\Delta \rho / \Delta t$ 和 $\Delta P / \Delta t$，就可得到功率系数 α_P 曲线（见图 3-22）。

在功率系数测定试验中，应避免突然发生大的负荷变动，每次测量之前，使反应堆在某一功率水平上稳定运行一段时间，达到平衡中毒后才开始。

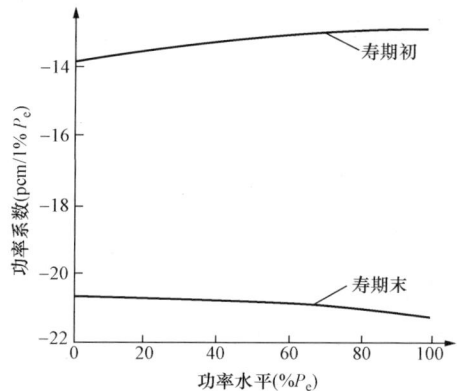

图 3-22 功率系数曲线

3.12.4 带功率工况下慢化剂温度系数测定

在带功率工况下，可用负反应性扰动法测量慢化剂等温温度系数。

试验开始时，首先切除功率调节系数对反应堆的自动控制，并且使二回路功率（汽轮发电机组负荷）保持不变。然后，突然向堆内引入一个负反应性扰动（如调节棒组 D 下插），在扰动发生后的瞬间，反应堆功率必然下降。由于二回路功率恒定，而且反应堆功率自动调节已解除，结果势必要引起冷却剂平均温度降低，由于负温度系数的反馈效应，又产生一个正的反应性，使堆功率上升，直到反应堆在新的稳定工况下运行为止。由外部引入的负反应性扰动，被内部冷却剂平均温度下降产生的正反应性所补偿。因此，只要测得堆在扰动前后稳定运行时的温差 ΔT，并且由反应性模拟机测出引入的反应性扰动 $\Delta \rho$，便可求得等温温度系数 α_T。在不同的功率水平下，重复上述测量，就可以得到不同温度时的 α_T。从而作出 α_T 与 T 的关系曲线。

利用这种方法测量温度系数，因为反应堆功率有变化，所以负反应性扰动 $\Delta \rho$ 的测量必须要在功率系数反馈之前完成，才能排除附加的反应性干扰。反应性模拟机测量迅速，是能满足这个测量条件的。

应该指出的是，由于在瞬态过程中，燃料温度也会随着慢化剂温度的变化而变化，因此测得的慢化剂温度系数其实还涵盖了燃料的温度系数。

3.12.5　反应堆冷却剂流量测量

反应堆冷却剂在主泵的驱动下流经反应堆堆芯，将核燃料组件在裂变过程中产生的热量及时带走。为保证堆芯的安全，流经堆芯的冷却剂必须具有一定的流量。若流量低于其额定值的 88.8%，则反应堆停堆保护系统动作，使反应堆紧急停堆；若流量过大，则流致振动增大，严重时会导致堆内部件的损坏。因此，在核电厂堆芯装料前和装料后的热态调试阶段以及功率试验阶段，必须对反应堆冷却剂的流量进行测定及验证，以确认其流量满足设计准则和安全准则的规定，即流量大于热工设计所要求的最小流量值，且小于机械设计所允许的最大流量值。

反应堆冷却剂的流量测定可以采用主泵电功率法和弯管流量计法，并在反应堆各个功率试验台阶上，利用热平衡法对冷却剂的流量进行了验证。本节对这三种方法的原理作一介绍。

一、利用主泵的输入功率测定反应堆冷却剂流量

根据主泵制造厂提供的主泵特性参数，主泵电功率与流量的关系可表示为

$$W = a - bQ^2 \tag{3-34}$$

式中：Q 为冷却剂体积流量，m^3/h；W 为主泵电机电功率，kW；a 和 b 为常数。

对任一环路，存在下列关系式：

该环路主泵单独运行时　　　　　　　$W_1 = a - bQ_1^2$

三个环路主泵同时运行时　　　　　　$W_3 = a - bQ_3^2$

由上两式可以得到

$$W_3 - W_1 = bQ_3^2 \left[\left(\frac{Q_1}{Q_3} \right)^2 - 1 \right] \tag{3-35}$$

由于某一环路的流量正比于该环路弯管流量计给出的差压值的平方根，即

$$\frac{Q_1}{Q_3} = \sqrt{\frac{\Delta p_1}{\Delta p_3}} \tag{3-36}$$

故可表示为

$$Q_3 = \sqrt{\frac{(W_3 - W_1)}{b \left(\frac{\Delta p_1}{\Delta p_3} - 1 \right)}} \tag{3-37}$$

从式（3-37）可知，通过测量每一环路主泵单独运行时的电功率 W_1、弯管流量计压差 Δp_1，和三台主泵同时运行时该环路主泵的电功率 W_3 和弯管流量计压差 Δp_3，就可以计算出三台主泵同时运行时该环路的流量 Q_3。三个环路的冷却剂流量之和即为流过压力容器的总流量。

二、利用弯管流量计测定反应堆冷却剂流量

在蒸汽发生器一回路主管道出口的第一个弯头 17.5°处，管道的外侧和内侧分别设有一个和三个取压孔。由于冷却剂流经该弯头处时产生的离心力的作用，使在弯头的内、外侧间

产生一差压 Δp。流量 Q 与差压 Δp 之间的关系式为

$$Q = k \left(\frac{\Delta p}{\rho} \right)^{1/2} \tag{3-38}$$

式中：Q 为冷却剂环路体积流量，m^3/h；ρ 为冷却剂密度，kg/m^3；k 为弯管系数，仅与弯管的几何特性有关。

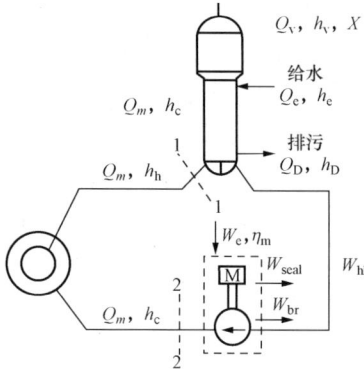

图 3-23　一、二回路热平衡图

三、利用一、二回路的热平衡测定反应堆冷却剂流量

为分析方便，选择任意一个环路，如图 3-23 所示，在蒸汽发生器一回路入口（端面 1-1）和主泵出口（端面 2-2）之间建立热平衡方程，即

$$Q_m(h_h - h_c) = W_{SG} - W_{RCP} \tag{3-39}$$

式中：Q_m 为冷却剂环路质量流量，kg/s；h_h 为蒸汽发生器一回路入口端面焓值，kJ/kg；h_c 为主泵出口端面冷却剂焓值，kJ/kg；W_{SG} 为蒸汽发生器从一回路得到的热量，kW；W_{RCP} 为端面 1-1 和 2-2 之间环路从外界得到的热量，kW。

（1）环路得到的热量为

$$W_{RCP} = \eta_g W_e - (W_{br} + W_{seal} + W_{hl}) \tag{3-40}$$

式中：W_e 为主泵电机的输入电功率，由实测得到，kW；η_g 为主泵电机的效率；W_{br} 为主泵热屏冷却水带走的热量，kW；W_{seal} 为加热一号轴封注入水消耗的热量，kW；W_{hl} 为管段的热损失，kW。

与主泵的输入电功率相比，W_{br}、W_{seal} 和 W_{hl} 均可忽略，故可得

$$W_{RCP} = \eta_g W_e \tag{3-41}$$

（2）从蒸汽发生器输出去的热量为

$$W_{SG} = Q_v h_v + Q_p h_p - Q_e h_e \tag{3-42}$$

式中：Q_v 为蒸汽发生器出口蒸汽质量流量，kg/s；Q_e 为蒸汽发生器二次侧给水质量流量，kg/s；Q_p 为蒸汽发生器二次侧排污水质量流量，kg/s；h_v 为蒸汽发生器出口蒸汽焓，kJ/kg；h_e 为蒸汽发生器给水焓，kJ/kg；h_p 为蒸汽发生器排污水焓，kJ/kg。

为提高试验精度，在蒸汽发生器二次侧水质合格的前提下，试验期间可以停止排污。这样 $Q_p = 0$，$Q_v = Q_e$。

（3）环路冷却剂流量及压力容器流量

环路冷却剂的质量流量为

$$Q_m = \frac{(Q_v h_v - Q_e h_e - \eta_g W_e)}{(h_h - h_c)} \tag{3-43}$$

对应的体积流量为

$$Q_e = \frac{3600 Q_m}{\rho} \tag{3-44}$$

式中：ρ 为环路冷却剂密度，kg/m^3。

三个环路的冷却剂体积流量之和即为流经压力容器的冷却剂流量。

3.12.6　蒸汽发生器水分夹带试验

蒸汽发生器水分夹带试验，是为了测定蒸汽发生器新蒸汽中所含水分的平均值，根据饱

和汽轮机的设计要求，新蒸汽中所含水分应小于 0.25%，或者说新蒸汽干度要在 99.75% 以上。试验工作在 75% 和 100%P_e 水平下进行，测试时蒸汽发生器的负荷和水位要稳定。

压水堆核电厂所使用的汽轮机属于饱和蒸汽型。蒸汽中湿气含量的多少对汽机特别是其末级叶片影响很大。在额定功率下测定蒸汽发生器出口湿气含量对确保汽轮机安全可靠运行意义极大。蒸汽质量（即蒸汽湿度）主要取决于蒸汽发生器上部汽水分离器的分离效果，为考核蒸汽发生器的性能，尽可能准确地计算出蒸汽发生器的热功率输出，有必要尽可能精确地测量主蒸汽湿度。

借助于一种易溶于水而不挥发的示踪剂，通过测定蒸汽发生器内的示踪剂浓度和饱和蒸汽中水滴带走的示踪剂的量就可以确定蒸汽发生器出口的湿汽含量。例如，在凝结水泵入口注入示踪剂，由于示踪剂的不挥发性，干蒸汽不带走示踪剂，那么经过一段时间后，示踪剂将全部积聚在蒸汽发生器内。实际上，由于蒸汽发生器提供的是湿蒸汽，水滴总是要带走部分溶于水的示踪剂并通过给水系统返回到蒸汽发生器。

目前在压水堆核电厂广泛采用示踪剂法测量主蒸汽湿度，其中普遍采用的示踪剂有化学碳酸铯（Cs_2CO_3）和放射性 ^{24}Na。放射性 ^{24}Na 示踪剂法由美国西屋公司研究发明，由于其测量精度较高（2% 左右）而被广泛采用。但 ^{24}Na 放射源半衰期短、供源困难的限制，对于某些电厂，只能采用化学铯作示踪剂测量主蒸汽湿度。

设 q 为被蒸汽量为 Q 的蒸汽所带走的水滴流量，则根据蒸汽湿度的定义，有

$$H = \frac{q}{q + Q} \tag{3-45}$$

在试验时，关闭蒸汽发生器排污系统下泄流及凝汽器排污，维持常规岛水汽系统各水箱水位不变，则在注入碳酸铯以后经过一段时间运行，可在蒸汽发生器水侧建立起铯浓度之间的平衡关系式

$$q \times C = (q + Q) \times C' \tag{3-46}$$

式中：C 为蒸汽发生器沸水区的示踪剂浓度；C' 为给水中的示踪剂浓度。

因此，蒸汽湿度可表示为

$$H = \frac{q}{q + Q} = \frac{C'}{C} \tag{3-47}$$

示踪剂注入系统后，在蒸汽发生器内部，示踪剂的分布和蒸汽发生器内部的热力平衡及再循环过程有关。在稳定功率运行工况下，蒸汽发生器内的水蒸发量和给水量相平衡。为提高蒸汽湿度测量精度，要求蒸汽发生器内的示踪剂浓度测量具有一定的代表性，一般取蒸汽发生器上部的水样，利用化学取样管线，通过取样分析所有蒸汽发生器的示踪剂浓度。

给水中示踪剂浓度，在给水母管上通过取样分析得到。

为检查二回路各部分的示踪剂污染情况，试验过程中分别就汽水分离再热器疏水箱和凝结水泵出口的示踪剂浓度进行监测，如果两部位的示踪剂浓度趋于稳定，则可开始取样分析蒸汽发生器内部和给水母管中的示踪剂浓度。

根据所选用示踪剂的不同类型，其分析方法也不同。如果用放射性 ^{24}Na 做示踪剂，则用放射性闪烁探测器可分别测得各被测点的放射性活度从而计算出蒸汽湿度。如果用碳酸铯作示踪剂，则取样后在化学实验室用原子光谱仪分析样品中的示踪剂浓度，最后求得蒸汽湿度值。

3.12.7　中毒曲线测量

在反应堆运行过程中，铀裂变后可直接或间接地产生 400 多种新的同位素，其中^{135}Xe和^{149}Sm 的热中子吸收截面特别大，称之为毒物（如表 3-5 所示）。毒物造成反应性损失，所以在设计时就要考虑它的补偿。毒物吸收的热中子数与燃料吸收热中子数之比称为反应堆毒性，用 P_p 表示，即

$$P_p = \frac{(\phi\sum_a V)_p}{(\phi\sum_a V)_U} = \frac{\sum_{ap}}{\sum_{aU}} = \frac{\sigma_{ap}N_p}{\sigma_{aU}N_U} \tag{3-48}$$

表 3-5　　　　　　　　　几种元素的热中子吸收截面

元　素	微观热中子吸收截面（b）	比产额（%）
^{235}U	650	
Cd	2500	
B	700	
^{149}Sm	5.3×10^4	1.4
^{135}Xe	3.5×10^6	5.9

^{135}Xe 的热中子吸收截面最大，由裂变直接产生的^{135}Xe只是很小一部分，占 0.3%，大部分是由^{135}Te衰变两次生成的，占 5.6%，^{135}Te 的衰变链为

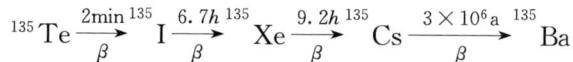

$$^{135}Te \xrightarrow[\beta]{2min} {}^{135}I \xrightarrow[\beta]{6.7h} {}^{135}Xe \xrightarrow[\beta]{9.2h} {}^{135}Cs \xrightarrow[\beta]{3\times10^6 a} {}^{135}Ba$$

^{135}I本身不是一个强中子吸收剂，但它是^{135}Xe的先驱核。

在中子注量率恒定的情况下，堆内毒物的产生与其自身衰变和吸收中子后失去毒性相平衡，达到平衡时的浓度 $N_{0,Xe}$ 为

$$N_{0,Xe} = \frac{\gamma_I + \gamma_{Xe}}{\lambda_{Xe} + \sigma_{Xe}\phi_0}\phi_0 \sum_{f(^{235}U)} \tag{3-49}$$

表 3-6 列出了在各种中子注量率下氙毒平衡值的计算结果。从表中可以看出，当堆内中子通量较低时，可忽略不计；当中子通量大于 10^{12} n/（cm²·s）时，毒性迅速增加，最后趋近于极限值 0.050。

表 3-6　　　　　　　　　氙毒平衡值计算结果

热中子通量 [n/（cm²·s）]	氙平衡毒性
10^{11}	0.00085
10^{12}	0.0070
10^{13}	0.030
10^{14}	0.046
10^{15}	0.048
10^{16}	0.049
10^{17}	0.049

　　中毒曲线的测量是从热态零功率，无毒工况下开始的。首先，以允许的最快速度将功率提升到某一级水平，待反应堆稳定，记下调节棒组 D 的棒位。然后，开始计算时间，随着反应堆内氙毒的出现，调节棒组 D 逐渐抽出以补偿中毒反应性的损失，必要时还要进行调硼操作，当达到平衡中毒（约需 40h）时，棒位才保持不变，从开始计时起，每隔一定的时间 Δt_i，记录一次调节棒组 D 的棒位变化 Δh_i，查价值曲线得到相应反应性当量 $\Delta \rho_i$，即可画出如图 3-24 所示的中毒曲线。对于核电厂运行更有意义的是各种功率水平下的平衡中毒值，在不同的反应堆功率水平下，重复上述的测量过程，即可画出平衡中毒值与功率水平的关系曲线（见图 3-25）。

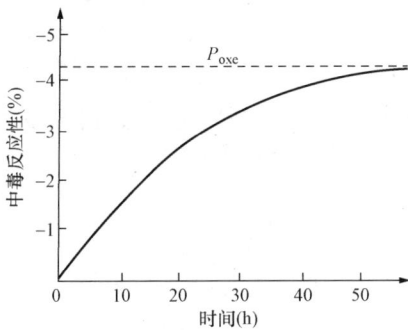

图 3-24　中毒曲线

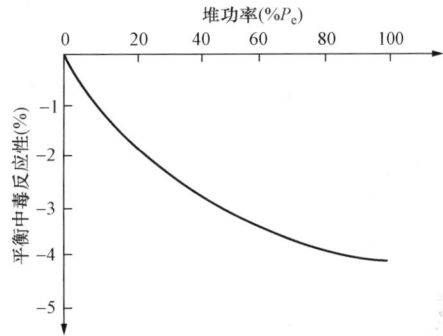

图 3-25　平衡中毒与功率关系

　　需要指出的是，在中毒曲线的测量过程中，实际上已将所有毒物对反应性的影响都包括在内，也难以将它们区分开来，但起决定作用的是[135]Xe，其次是[149]Sm，其他毒物由于微观吸收截面小，而且产额也低，对反应性的影响与氙毒相比可忽略不计。

3.12.8　碘坑测量

　　碘坑是反应堆从高初率向低功率过渡时的一种现象。满功率运行的反应堆，突然停堆后，氙毒的最大浓度可能比平衡值大几倍，使反应性大大下降，因此，反应堆降功率运行或者热停闭时，必须要考虑氙毒的变化特性，并根据碘坑随时间的变化情况，进行反应性的补偿。碘坑测定试验是在平衡氙毒工况下进行的，让运行中反应堆降到零功率，待稳定以后记下调节棒组 D 的棒位，并开始计算时间，仔细观察功率表的指示，随着碘坑的出现，手动操纵调节棒组 D，补偿反应性的变化。使功率保

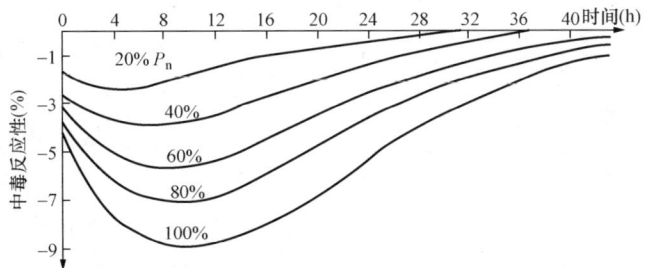

图 3-26　不同功率水平下的碘坑曲线

持不变，必要时还需进行调硼操作，根据调节棒组 D 的移动方向和数值大小及硼浓度的变化，可以画出碘坑曲线。改变停堆前的功率水平，重复上述的测量过程，可以作出不同功率水平下的碘坑曲线（见图 3-26）。一条碘坑曲线的测量时间需要 30h 以上，为了保证测量精度，要求在这段时间内维持反应堆功率、冷却剂平均温度等热工和物理参数的稳定。

3.12.9　负荷摆动试验

为了验证核电厂对负荷阶跃变化不超过±10%额定功率时的瞬态响应特性和自动跟踪负荷能力，应分别在不同功率水平，例如25%、75%和100%P_e下进行负荷摆动试验。试验从低功率水平开始，通过手动操作调节器，降低汽轮发电机组负荷，其数值相当于10%P_e，待系统稳定后，一步增加汽轮发电机组负荷相当于10%P_e。在负荷阶跃变化的过渡过程中，利用电厂仪表测量一回路热工参数（冷却剂温度、压力、稳压器水位）和二回路热工参数（蒸汽流量、压力、蒸汽发生器水位、给水流量）。根据要求，核电厂设计成能够承受±10%P_e的负荷阶跃变化，不需要手动操作，依靠控制调节系统吸收过渡响应，使运行工况自动趋于稳定。所以，在试验过程中不应出现蒸汽排放系统和稳压器安全阀的动作，更不允许发生停机、停堆等现象。

3.12.10　甩负荷试验

在核电厂运行中，甩负荷是比较容易发生的，常见的原因有：

（1）电网频率不正常，例如因频率低于49Hz而甩去部分负荷。

（2）电网故障（如短路），电压降到70%并且持续时间大于0.95，超过了电网故障的排除时间，汽轮发电机组与电网解列，甩去全部外负荷。当失去全部外负荷时，不希望发生汽轮机组跳闸、反应堆紧急停闭，为此，希望核电厂具有甩全负荷的能力，在设计上可使蒸汽旁路阀排放高达85%额定蒸汽量，配合反应堆功率阶跃10%P_e然后带5%P_e的厂用电负荷继续运行。如果电厂负荷的适应能力比较小（例如旁路阀排放只有40%额定蒸汽量，多余蒸汽向大气排放），则将由保护系统引起反应堆紧急停闭。甩负荷试验进行时，反应堆处于自动跟踪负荷变化状况，有关的控制系统工作正常并置于自动控制方式，汽轮机组置于调节器控制，电网已作好接收负荷变化的准备。然后，分别在25%、50%、75%和100%P_e下，打开主变压器的断路器，突然甩去全部外负荷，观察各系统的响应特性和瞬变后的稳定能力，并测定反应堆功率、一回路冷却剂平均温度、稳压器压力与水位、二回路蒸汽压力等参数随时间的变化以及汽轮机组调速系统的动态特性。图3-27是某电厂在100%P_e下，甩去全部外负荷时过渡过

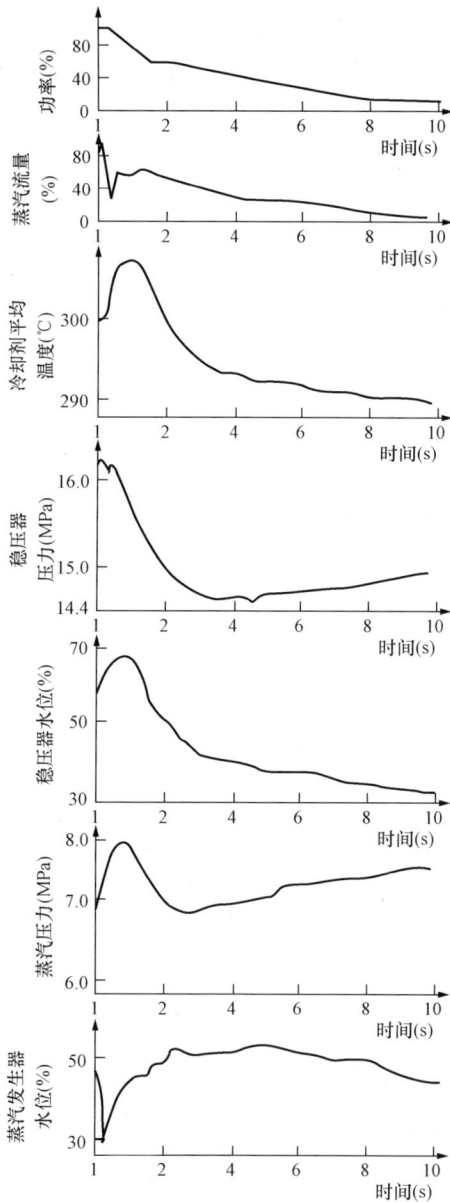

图3-27　100%P_e甩去全部外部负荷时的过渡响应

程响应曲线。

根据设计要求，甩负荷试验通过的判断标准是：①反应堆不停闭；②汽轮机组转速在限制值内，不发生超速脱扣；③稳压器安全阀不动作；④蒸汽发生器安全阀不动作；⑤安全注射系统不动作；⑥在 $15\%P_e$ 以下时，不需要手动进行控制棒组调节、给水调节、稳压器水位调节和蒸汽排放调节，电厂能够自动趋于稳定。

3.12.11　电厂汽轮机停机不停堆试验

核电厂机组在其运行期间，汽轮发电机会因多种因素发生跳闸事故。汽轮机停机就是汽轮机进汽截止阀关闭，同时发电机负荷开关断开。按核电厂控制设计要求，反应堆在汽轮机停机后应该维持在设计要求的功率水平上（30%FP）。

停机不停堆试验就是检验核电机组在汽轮机停机后机组的主要运行参数维持或重新达到正常运行范围而不引起反应堆停堆。

3.12.12　电厂满功率停闭试验

电厂通过负荷摆动试验和甩负荷试验之后，为了进一步验证一、二回路设备和自动控制系统的性能，在 $100\%P_e$ 的稳定工况下作停闭试验。为了确保安全，在试验前应做如下工作。

（1）启动柴油发电机组，使之处于空转的热备用工况，以便试验过程中万一失去外电源时，提供备用电源。

（2）电厂辅助设备负荷由机组切换到外电源供电。

试验进行时，反应堆自动跟踪负荷变化，有关的控制系统工作正常并置于自动方式。然后，在控制室手动脱扣汽轮机组来引起反应堆紧急停闭，测定反应堆功率、冷却剂平均温度、稳压器压力与水位、二回路蒸汽流量等参数随时间的变化，并观察各系统的响应特性以及稳定能力。

试验的验收标准是：

1）稳压器保护阀不动作；

2）蒸汽发生器安全阀不动作；

3）安全注射系统不动作；

4）蒸汽发生器大气排放阀在超压后 3s 内开启，卸压后又能及时关闭；

5）全部控制棒组必须下落，插入堆芯。

3.12.13　电厂验收试验

在机组逐步提升到满功率，完成各项试验任务后停机，对电厂进行全面检查，然后，再次启动达到满功率稳定运行。验收试验即可开始，内容包括电厂可靠性验证和性能保证值测定。

3.12.14　电厂可靠性验证

电厂处于 $100\%P_e$ 的稳定工况下，作 100h 以上的连续运行，进行可靠性验证。要求在 100h 内，不发生因电厂本身的故障而引起负荷减少，甚至停闭的现象。

3.12.15　性能保证值测定

性能保证值主要指电厂的净效率和净电功率输出两项指标，它的测定与电厂可靠性验证试验同时进行。利用巡回检测装置定时测量汽轮发电机组的电功率、厂用电功率、每台蒸汽发生器出口处蒸汽压力、蒸汽温度、排污流量、给水流量、给水温度、给水压力等有关资料，计算净电功率和电厂净效率。

（1）净电功率。在发电机组出线端用功率表测得的电功率 P_{GE} 减去厂用电功率 P_A，即为电厂的输出功率或净电功率 P_{NE}

$$P_{NE} = P_{GE} - P_A \tag{3-50}$$

其中厂用电功率 P_A 是机组的所有辅助设备、变压器损耗、照明等用电之和。

（2）电厂净效率。电厂净效率 η_{NE} 是净电功率 P_{NE} 与二回路热功率 Q_{SE} 之比值，即

$$\eta_{NE} = \frac{P_{NE}}{Q_{SE}} \tag{3-51}$$

在验收试验时，由于电厂的运行工况可能与设计条件下的基本运行工况有偏离，主要表现在冷却水温度、大气温度、冷却水泵入口水位、发电机组功率因子与出线电压、电网周波、凝汽器清洁度、蒸汽发生器排污量等有变化。因此，必须对上述用来计算净电功率和电厂净效率的测量值，按照设计所规定的条件进行修正，才能保证测量结果的精确性。根据国际电工学会的规定，性能保证值的误差不能大于 1%。例如一座 900MW 级核电厂的净电功率设计值为 925MW，则验收试验时测量到的净电功率应不低于 915.75MW，才算合格。

第4章 核电厂正常运行

压水堆核电厂的标准运行模式有换料停堆、冷停堆、次临界中间停堆、热停堆、热备用、反应堆带功率运行。本章介绍各个标准运行模式运行状态过渡时的操作原则。

4.1 正 常 启 动

压水堆核电厂的正常启动可以分为冷态启动和热态启动两种。压水堆停闭了相当长时间，温度已降到60℃以下时的启动称为冷态启动；而热态启动则是指压水堆短时间停闭后的启动，启动时压水堆的温度和压力等于或略低于工作温度和压力。此外，当核电厂建成，堆芯装载燃料后的启动称为初次启动，已在第3章中作了介绍。

由于对冷态启动的研究可以包括所有的各种工况，以下叙述从换料冷停闭工况开始，到功率运行工况的所有操作，为方便起见，将启动过程按时间次序分成一些独立的阶段。

4.1.1 初始状态—换料的冷停堆工况

各系统的状态如下所述。

（1）反应堆。装换料结束，堆顶所有设备与仪表已装上，堆处于次临界，堆内应充满浓度约2400mg/kg的含硼水，使停堆深度不小于5000pcm；所有控制棒组件都在最低位置，堆内温度低于60℃。

（2）控制和保护系统。已作好启动准备，检查与校验工作已完毕，堆外核仪表系统的中子源量程测量通道已投入运行，对反应堆进行监测；反应堆的其他控制、保护、检测仪表系统也已投入。

（3）一回路主要辅助系统。化学和容积控制系统应处于可用状态，补水控制使冷却剂的含硼浓度为一定值，并保持堆内水位，下泄流由余热排出系统经过剩下泄管系进入容积控制箱。

余热排出系统的一台（或两台）热交换器正在运行，控制一回路温度在60℃以下，但应高于反应堆压力容器脆性转变温度，和避免冷却剂中任何可能的硼酸结晶。

设备冷却水系统的设备冷却水泵一台运行，一台备用，可根据需要对冷却剂泵、停堆热交换器、停堆冷却泵、过剩下泄热交换器、安全注入泵等核岛设备供应冷却水。

安全注射系统的高压注射管系和低压注射管系应经检查，处于可启动状态，中压注射管系的安全注射箱已因电动隔离阀门的关闭而隔离开。

（4）二回路系统。所有设备均在停闭状态，蒸汽发生器二次侧处于湿保养状态，即充入除盐除氧水至一定高度，其余空间充氮使压力稍高于常压。蒸汽隔离阀关闭。

（5）供电系统。检查所有的母线和配电盘上的交直流电源，调整厂用电方式使符合启动要求，检查备用电源的完整性，检查重要负载的电压是否正常。启动时，电源电压应在（0.85～1.05）额定电压之间，对电网频率的限制为（50±0.5）Hz。保证反应堆、冷却剂泵、一回路及二回路的辅助系统，反应堆控制与安全保护系统，检测仪表系统，信号系统等处于能够运行状态。

4.1.2　由冷停闭状态向热备用状态过渡

压水堆核电厂的运行实际中，各标准运行模式间的转换都必须按相应的运行规程进行操作。从冷停堆状态过渡到热备用状态，须经历六个阶段。

一、第一阶段——一回路充水和排气

由化学和容积控制系统充水。充水时，将来自补水系统的除盐水注入一回路，进行稀释操作，使充水结束时，反应堆的停堆深度不小于 1000pcm。充水时应注意系统排气，调节余热排出系统的流量，将温度调到 50～70℃。

降低蒸汽发生器二次侧水位到零功率时值，然后，启动冷却剂泵并投入稳压器加热器，使冷却剂系统升温预热。

在开始加热阶段，应注意监测和调节一回路水质，使冷却剂水化学特性得到保证，当系统加热到 90℃时，从化学物添加箱对冷却剂系统添加氢氧化锂（LiOH）以控制 pH 值，加入联氨（N_2H_4）以消除溶解氧。当一回路水质经取样系统检查合格后，将化学和容积控制系统的净化回路投入运行，一回路温度达到 120℃时，不能再调整水的化学特性。

二、第二阶段——稳压器投入运行

当第一阶段结束时，一回路温度约 100℃至 130℃，压力为 2.5MPa，上充流已开始建立。为了在容积控制箱顶部建立氢气空间，可手动控制容积控制箱上游的控制阀及补给水的控制阀，用氢气替换氮气，直到分析表明具有合适的氮气和氢气含量，使一回路水中有足够的溶解氢浓度为止。这时，容积控制箱水位控制阀转为自动控制。

用稳压器电加热器的投入和反应堆冷却剂泵的启动，使一回路升温，升温时，应注意在反应堆一回路和稳压器之间维持温差和分别限制升温速率，稳压器比一回路其余部分加热得更快，它的温度比冷却剂平均温度高 50～110℃，最大加热速率为 56℃/h。

当稳压器温度达到系统压力（2.5～3.0MPa）的饱和蒸汽温度（221～232℃）时，用减少上充流量的方法使其形成蒸汽空间、建立汽腔，然后用手动控制以保持稳压器水位。在稳压器内汽腔的形成过程中，由化学和容积控制系统维持压力在 2.5～3.0MPa 之间的一个常数值上。

从容积控制箱排出来的一回路水被排放到硼回收系统。当稳压器水位达到零功率水位整定值时，就从调节转为运行，承担了压水堆一回路系统的压力控制。

然后断开余热排出系统和化学和容积控制系统之间的连接，并且降低低压膨胀阀的整定值至 15MPa 左右，来控制通过下泄孔板的下泄流量，在系统温度达到 177℃时应及时隔离余热排出系统。

在一回路温度到达 180℃之前，投入控制棒驱动机构的通风系统，从堆芯抽出停堆棒组。

三、第三阶段——一回路升温升压至热停堆状态

反应堆在达到临界以前，要遵守的条件如下：

（1）压水堆随着核燃料或慢化剂的温度变化而改变其反应性，在工作温度范围内反应性的负温度系数是保证压水堆稳定运行的重要条件。应在负慢化剂温度系数时启动反应堆达

临界。

核燃料温度系数源于多普勒效应，总是负值。慢化剂温度系数不仅随温度和燃耗而变动，而且与硼浓度有关，对于新装载的堆芯，冷却剂含硼浓度较高，直到 $200\sim250\,^{\circ}\mathrm{C}$ 时，慢化剂温度系数都是正的。在燃料寿期末，在 $20\sim320\,^{\circ}\mathrm{C}$ 的温度范围内，它总是负的。

（2）稳压器已建立汽腔，水位控制已投入运行。

（3）化学和容积控制系统至少有两台上充泵、两台硼酸泵投入运行，并且至少有一条管道可向反应堆供应硼酸。

（4）冷却剂的临界硼浓度值，随燃料的燃耗而降低，通常可由理论计算得出它们之间的关系曲线，如图 4-1 所示。在每一次启动反应堆时，可根据反应堆投入运行以来，已发出的累计功率，以满功率小时为单位，从图示曲线上估计出本次启动时临界硼浓度值。

在满足上述条件情况下，依靠稳压器的电加热器和冷却剂泵转动时的机械功，使一回路系统的压力和温度达到或接近零功率额定值，然后可以启动反应堆达到临界。这种升温升压方式称为联合加热法。

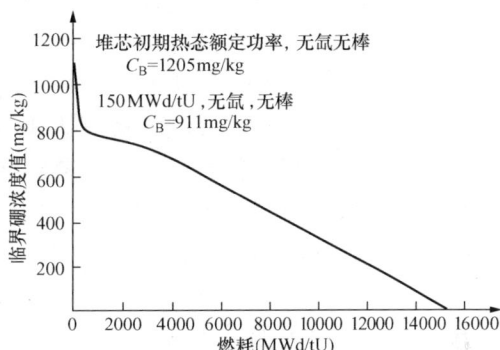

图 4-1 临界硼浓度值随燃耗的变化

为使一回路温度和压力达到零功率额定值，稳压器的加热器继续运行，水位受到控制，稳压器压力上升，这样导致下泄流量的增加。随着压力的增加，逐步关小下泄孔板隔离阀，以控制下泄流量（在升温结束时，上充和下泄流量是相等的，约仅等于通过一个下泄孔板的流量）。在一回路系统升温末期，过剩下泄热交换器投入运行，以防止下泄孔板下游过高的温度，当系统升温结束，下泄流量用关小下泄孔板隔离阀的方法达到其正常数值。

压水堆冷却剂系统的温度和压力一起增加时，必须注意限制它们在设备工艺所允许的范围内，温度上升的速率必须不超过 $28\,^{\circ}\mathrm{C}/\mathrm{h}$，要注意安全保护系统及有关设备应处于良好的工作状态，例如开始升温时，应关闭安全注射箱的电动隔离阀，以避免安全注射箱排水。当系统压力达到 $7.0\mathrm{MPa}$ 时，核实安全注射箱的气压并打开电动隔离阀，使安全注射箱处于备用工况。当系统压力升至 $13.8\mathrm{MPa}$ 时，应将中压安全注射系统安全注射系统的所有设备和阀门切换至安全注射准备工况，同时，凡和高、低压安全注射系统相连接的外系统管路、阀门均应关闭。当系统达到正常运行压力 $15.52\pm0.1\mathrm{MPa}$ 和温度（$291.4\,^{\circ}\mathrm{C}$）时，切断稳压器的可调加热器电源，压力控制由手动转为自动控制，达到热停堆工况。

四、第四阶段——趋近临界和临界

压水堆按下述步骤向临界趋近，为保证启动安全，必须保证在每一时刻，堆芯反应性只随单个参数的改变而变化。

（1）压水堆冷却剂温度应尽可能保持为常数，以避免任何能引起突然冷却的操作；冷却剂泵提供的能量，可以将二回路产生的蒸汽由蒸汽旁路排放系统排向大气或凝汽器。

（2）稀释冷却剂硼浓度到一个与临界条件相对应的预定值。

压水堆核电厂的各种运行工况下冷却剂的硼浓度值是不同的。稀释时，由补水系统的补水泵将补水送到容积控制箱，再从容积控制箱注入上充泵吸入口，向一回路系统充注。注意限制冷却剂硼浓度的稀释速率，以防止反应性变化过大。在稀释的同时，必须对稳压器进行最大喷雾，使得稳压器和冷却剂系统的硼浓度均匀化，它们之间的差值应小于 50mg/kg。另外，对冷却剂进行取样分析时，应保证冷却剂有足够的混匀时间，至少不小于 10min。

（3）根据堆芯的布置，推算出与最低无负荷临界相对应的各个控制棒组件的位置，并按照所指定的顺序，依次提升控制棒组件中的四组调节棒组。

如按 A 模式运行控制棒组件的调节棒组有 A、B、C 和 D 四组，四组调节棒的前后两组之间有一定的重叠度。棒组重叠的目的是为了使反应性与调节棒组位置的关系曲线线性化，使棒组在堆芯内移动时的反应性引入率近似为常数。

压水堆启动时，在抽出控制棒组件的过程中，应预期反应堆随时会达到临界。为此，先将调节棒组 A、B 分别提升到堆顶，调节棒组 C 接近堆顶，然后，在将调节棒组 D 提升到它的调节带下限时，预期反应堆就应达到临界。调节棒组的提升速率要有一定的限制，以防止功率上升太快使得燃料过热，还应考虑到即使发生控制棒驱动机构的误动作或运行人员的误操作，也不致造成重大事故。

趋向临界的过程由堆外核仪表系统源量程测量通道来监测，一旦通量水平达到中间量程测量通道的最小探测阈，就要手动闭锁"源量程通量过高"的保护措施。

压水堆启动时，如果达到临界的条件（冷却剂温度、压力以及硼浓度）与预先计算的数据不一致，并且有可能造成堆芯的反应性增加 $0.5\%\Delta k/k$ 以上时，则必须像初次启动时那样，在画出的中子计数率倒数对应控制棒组件位置的监督曲线指导下，逐步达到临界。

五、第五阶段——二回路启动

当压水堆到达临界以后，用来自蒸汽发生器的蒸汽，开始启动二回路系统。其主要操作步骤有蒸汽通过隔离阀的旁路阀（启动汽门）对主蒸汽管进行暖管，低速暖机等。然后反应堆功率上升到大约额定功率的 5%，汽轮机按规定的速度升速，直到额定转速。

六、第六阶段——发电机并网，提升功率

发电机作好并网准备，反应堆功率上升到大约为额定功率的 10% 时，进行并网操作，完成并网以后，带最小负荷（约 5%P_e 的负荷）运行，调整厂用电的供电方式，从机组启动前的外电源供电切换到由汽轮发电机组供电。反应堆与汽机之间功率要达到平衡，以限制蒸汽的排放。接着，缓慢增加汽轮机负荷，直到蒸汽排放阀全部关闭，继续增加汽机负荷，同时手动提升堆功率与此相适应，直至反应堆功率达到控制系统能投入自动的最小值，即约为额定功率的 15%。然后：①把给水控制由辅助给水系统切换到主给水系统，检查蒸汽发生器二次侧水位是否在规定的范围内；②将蒸汽排放从压力控制切换到冷却剂的平均温度控制；③当冷却剂平均温度处在正常范围内时，将反应堆控制从手动切换到自动。

一旦反应堆功率达到 10%P_e，就手动切除"中间量程通量过高"安全保护和"低功率量程通量过高"安全保护，在这一功率水平上，反应堆保护系统的允许系统接通了所有在低功率下被闭锁的保护通道。

在 15%P_e 功率水平时，由于反应堆已转为自动控制，保护系统的连锁系统不闭锁控制棒组件的自动提升，核蒸汽供应系统的功率可以满足汽机所要求的负荷，可以由控制系统的介入或运行人员的要求来继续增加负荷。在 60%P_e 水平上，允许系统接通一直被闭锁着的由功率量程测量通道给出信号的那些保护通道。

压水堆从冷态启动的整个过程见图 4-2。

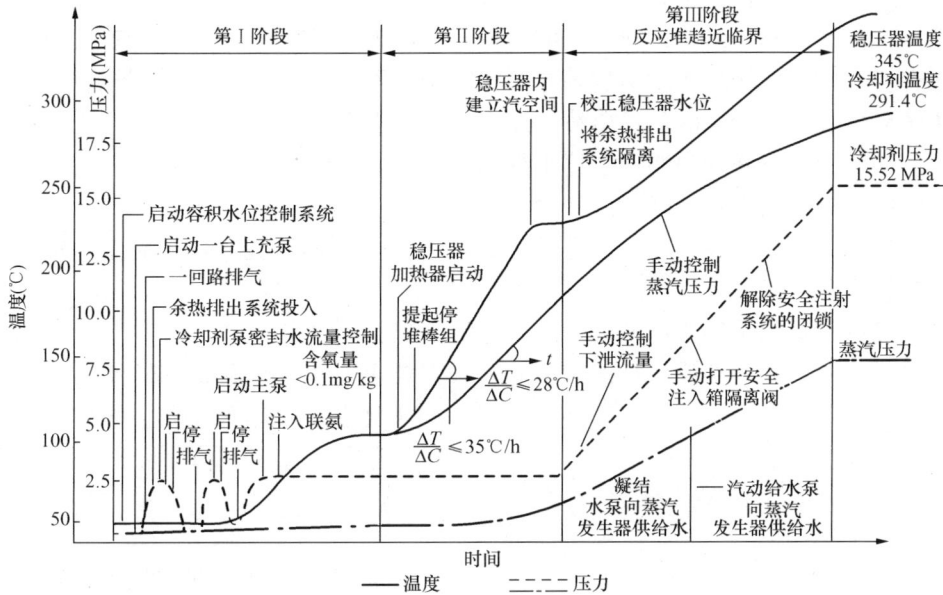

图 4-2　冷态启动曲线

如果反应堆启动是从热停闭状态开始，则可以从第四阶段向临界趋近起以相同的方法完成，若启动时二回路已处于热备用状态，则第五阶段——二回路启动可以取消。

4.1.3　启动过程中应注意的问题

一、冷却剂系统压力及升温（冷却）速率的限制

图 4-3 给出了冷却剂系统升温时，系统的温度与压力间所必须维持的极限关系。各特定温度变化速度所允许的压力和温度组合应在所示极限曲线的下面和右面。这是为了保证冷却剂系统的压力容器等设备经得起由于温度和压力变动而引起的循环负载的影响，这些循环负载是由正常机组负载的瞬变，反应堆事故停闭，以及启闭操作所引起的；曲线的垂直部分，规定了反应堆可以临界的最小温度，在这温度之下，所引起的压力偏差将超过规定值。在高温部分，加热曲线提高了 23℃，这是考虑到反应堆压力容器在辐照下引起脆性转变温度升高而作的偏移。在系统冷却时，对于一定的冷却速率，压力和温度的关系限制在曲线的下面和右面，如图 4-4 所示。

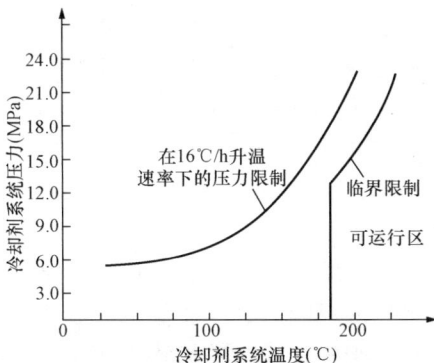

图 4-3　冷却剂系统升温时温度压力曲线

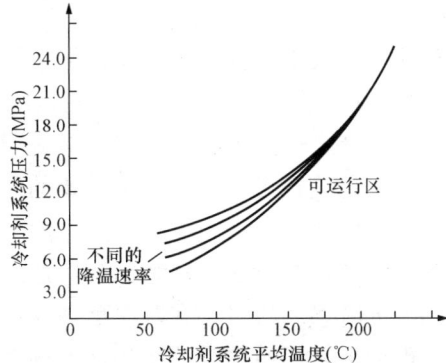

图 4-4　冷却剂系统降温时温度压力曲线

二、控制反应堆周期，防止发生启动事故

启动反应堆时，如果由于运行人员的误操作，或因机械故障，以致连续引入反应性，使反应堆仅在瞬发中子的作用下就达到临界的状态叫瞬发临界。这时，反应堆将失去控制。

为了防止出现危险周期的启动事故，还应在操作上采取一定的措施。

（1）启动反应堆时必须限制调节棒组提升速度，应间歇提棒，不连续引入反应性，这样可以观察到中子通量的变化，及时发现异常。

（2）如发现因控制棒驱动机构的误动作而使调节棒组连续提升，则应立即按停堆按钮，或切断电源，紧急停堆。

三、正确估计反应堆的次临界度

在启动过程中，为避免反应性的盲目引入，需要正确估计反应堆的次临界度。

反应堆从次临界状态下启动，中子通量的稳定值 ϕ 与初始中子通量 ϕ_0 的关系式为

$$\phi = \frac{\phi_0}{1-k_{\text{eff}}} = \frac{\phi_0}{\delta k_{\text{eff}}} \qquad (4\text{-}1)$$

从式（4-1）可见，反应性增加以后，次临界通量趋向于稳定值。如果反应堆在次临界深度为 $-\Delta k_1$ 的情况下，稳定的中子通量比值为 ϕ_0/ϕ_1，这时若再引入一个反应性 δ，反应堆就会处于另一个新的次临界深度 $-\Delta k_2$，相应的中子通量比值为 ϕ_0/ϕ_2，利用外推法，就可以估计出要达到临界尚需引入的反应性 x（见图 4-5）。

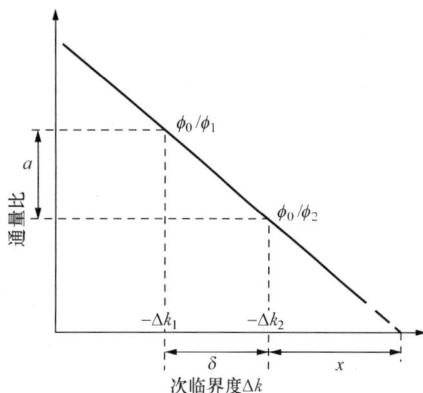

图 4-5 用外推法估计次临界度

$$a : \delta = \frac{\phi_0}{\phi_2} : x \qquad (4\text{-}2)$$

$$a = \frac{\phi_0}{\phi_1} - \frac{\phi_0}{\phi_2} \qquad (4\text{-}3)$$

$$x = \delta \left(\frac{\frac{\phi_0}{\phi_2}}{a} \right) = \delta \left(\frac{\frac{\phi_0}{\phi_2}}{\frac{\phi_0}{\phi_1} - \frac{\phi_0}{\phi_2}} \right) = \delta \left(\frac{\phi_1}{\phi_2 - \phi_1} \right) = \delta \left(\frac{1}{n-1} \right) \qquad (4\text{-}4)$$

$$n = \frac{\phi_2}{\phi_1}$$

如果引入反应性 δ 后，中子通量增加 $1/10$ 倍（$n=1.1$），由式（4-4）算出 $x=10\delta$，即还要引入 10 倍于 δ 的反应性才能使反应堆达临界，通常取引入的反应性 δ 值满足 $n=1.1$、1.25 和 1.5 的条件，可算出相应的次临界度 $x=10\delta$、4δ 和 2δ。

从以上讨论还可以得到一个重要的结论，如果某一次反应性引入量使次临界通量上升一倍，即 $n=2$，则下一次再增加同一数值的反应性时，即 $x=\delta$，将使反应堆达到临界。

需要注意的是，在一次增加反应性之后，次临界通量是缓慢地达到稳定值的，特别是在接近临界的时候。所以，在两次增加反应性之间的不太长的时间内，观察到的次临界通量上升值一般偏低，而所估计的次临界度偏大，偏于不安全。为此，在实际操作中规定：

（1）当 $k_{\text{eff}} < 0.99$ 时，每次引入的反应性应小于外推值 x，一般取

$$\delta = \frac{1}{3}x \tag{4-5}$$

（2）当 $k_{\text{eff}} > 0.99$ 时，应根据不使临界后的倍增周期 $T_{1/2}$ 小于 15s 来限制反应性引入量。

四、控制棒组的插入与抽出极限

当反应堆临界时，控制棒的停堆棒组应全部抽出，只有物理试验时可以例外。以 A 运行模式为例，控制棒组中四个调节棒组，应按如下次序操作，从零到 100％功率时，调节棒组抽出的顺序是 A-B-C-D（棒组之间有一定的重叠度），负荷降低时，按 D-C-B-A 的顺序插入（也允许同样顺次重叠）。

对于一个调节棒组，考虑到它的停堆能力、恢复满功率能力和运行时对堆芯功率分布的影响，它在堆芯位置有一定的要求，调节棒组插入量的上限就是它的抽出极限，或可称"咬量"，保持这个最小插入量是为了使调节棒组插入堆芯更深时具有一定的价值，以便能应付可能发生的瞬变工况。调节棒组的最大插入限度，也就是插入极限，是为了满足反应堆安全性需要，以便在事故情况下能提供足够的反应性来补偿反应性功率系数。

运行时，调节棒组在堆芯内的实际位置应尽可能处在调节带内。调节带是对某一个棒组而言的，表示一个调节棒组的位置作为反应堆功率的函数所应优先选用的范围。图 4-6 中表示出一个调节棒组的调节带、抽出极限及插入极限的相对位置。从图上可以看出，在满功率时，调节棒组调节带的上限等于抽出极限，而调节带底部和插入极限之间有一个区域 d，从安全观点看，调节棒组虽然可在区域 d 工作，但是，会引起轴向功率分布不均匀，为消除此缺点同时为减小控制棒弹出事故的严重后果，应尽可能离开这个区域，区域 c 为调节带。调节棒组若运行在 b 区域时，反应堆一般不可能快速地恢复到它的满功

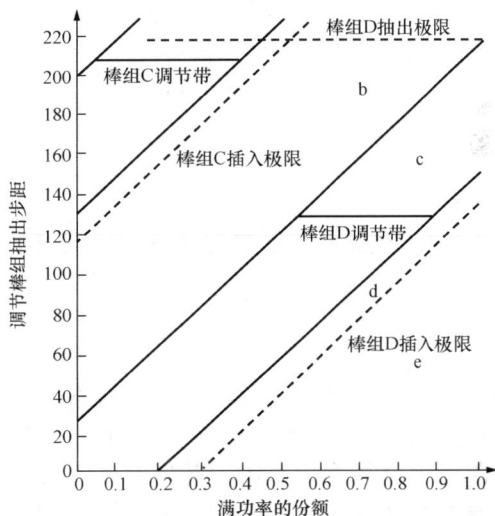

图 4-6　调节棒组的调节带、抽出极限及插入极限（A 运行模式）

率，但对燃耗的均匀有利。在满功率稳定运行时，一般使调节棒组 D 稍微插入，以防止造成燃料燃耗的过分不均匀。

4.2　过渡到功率运行

反应堆由热备用状态过渡到功率运行时，一回路和汽轮发电机组的状态特性，以及各项操作间的连锁逻辑关系分述如下。

4.2.1　热备用状态和功率运行状态

热备用状态是从冷停堆状态开始用主泵和稳压器电加热器的加热，或者从反应堆热停闭状态而获得的。

一、反应堆处于热备用状态的特征

（1）反应堆处于临界状态，输出功率小于 $2\%P_e$，这个功率由堆外核仪表系统中间量程测量通道监测；

（2）一回路冷却剂平均温度 T_{av} 调节到接近于反应堆空载下温度值 291.4℃；

（3）稳压器内压力等于其整定值，处于自动压力调节状态（15.3MPa$<p<$15.5MPa）；

（4）稳压器内水位等于其整定值，处于自动调节状态；

（5）用小流量调节阀维持蒸汽发生器内水位在空载下按程序计算所得数值上；

（6）至少有两台主泵在运行，在升功率时，三台主泵都应投入运行；

（7）控制棒组停堆棒组处于完全抽出位置，调节棒组处于手动操作状态，并被保持于低插入限值，使反应堆具有在紧急停堆情况下所要求的负反应性裕度；

（8）二回路已进行暖管，汽轮机在盘车，给水设备投入运行，蒸汽发生器疏水处于最大值（51t/h）。

二、反应堆达到功率运行状态时的特征

（1）反应堆临界，输出功率处于（30～40）$\%P_e$；

（2）一回路冷却剂平均温度 $t_{av}=$（291.4±1）℃；

（3）一回路压力 $p=$15.4MPa（表压）；

（4）汽轮机并网，汽机旁路系统处于自动控制状态；

（5）蒸汽发生器经由水位调节主阀供水。

4.2.2　从热备用状态到功率运行状态的过渡

（1）由热备用状态过渡到并网。将蒸汽发生器给水由辅助给水系统切换到主给水流量调节系统，手动控制抽出调节棒组，将反应堆功率提升到 $4\%P_e$。以这种方式，产生出使汽轮机投入运行所需的更多的蒸汽，多余蒸汽经旁路通入凝汽器，将一回路冷却剂温度维持在 290.4～292.4℃。而后进行汽轮机升速以及汽轮发电机组并网。

（2）升功率到 $15\%P_e$。开始时，要使核功率和汽机负载平衡，以限制蒸汽向凝汽器的排放。然后增加汽机负荷，同时抽出调节棒组，以遵守一回路冷却剂平均温度 T_{av} 与参考温度 T_{ref} 间的最小偏差的原则，并在保持通向凝汽器的汽机旁路关闭的同时，调整一回路传递到二回路的功率。

核功率的增长不应超过对反应堆要求的限制（$5\%P_e$/min）和汽轮机增加负荷时要求的限制（30MW/min）；从 0 到 $30\%P_e$ 带负荷的增长率由汽轮机低压转子的热状态确定，从（30%～100%）P_e 负荷增长率限制为 15MW/min。

（3）大于 $15\%P_e$ 的运行。当功率大于额定功率的 15% 以后，控制是自动的，反应堆输出的热功率，依靠功率调节系统，自动跟踪汽轮发电机组所需要的功率。

4.2.3　稳态功率运行特性的选择

由图 1-3 核电厂能量平衡图可以看出，核电厂是一个多变量的控制对象。在设计控制与调节系统时，单纯地考虑一个系统参数的变化是不完善的，必须同时考虑系统间的相互影响。

在核电厂能量传递过程中，不可避免地要受到一些来自内部或外部的扰动影响，使电厂运行参数发生波动而偏离设计值。核电厂所设置的控制与调节系统，必须保证能排除内部或外部的扰动影响，使各主要参数能在规定的限值内运行，即必须具有稳态功率运行特性。核电厂稳态运行特性的选择，既关系到核电厂的总体性能，也直接关系到对一、二回路设备设计的要求，最终将影响核电厂的安全性及经济效益。

核电厂的稳态运行特性，可以由反应堆、一回路和二回路系统各个环节的能量平衡关系求得。

常规火电厂汽轮机的新蒸汽参数（压力 p_0，温度 t_s）在运行期间是不变的。从蒸汽发生器热平衡方程可以看到：

$$P_r = KF\Delta t = KF(t_{av} - t_s) \tag{4-6}$$

式中：P_r 为蒸汽发生器产生的热功率，W；K 为蒸汽发生器传热系数，W/m²℃；F 为蒸汽发生器换热面积，m²；t_s 为蒸汽温度，℃；t_{av} 为反应堆冷却剂平均温度 $= 1/2(t_{in} + t_{out})$，℃；t_{in} 为反应堆冷却剂入口温度，℃；t_{out} 为反应堆冷却剂出口温度，℃。

对于压水堆核电厂，如果仍然实施这种运行方案，即在汽轮机新蒸汽参数压力 p_0，温度 t_s 保持不变的情况下提升功率，必须提高反应堆冷却剂的平均温度。

反应堆输出功率 P_e 可表示为

$$P_e = Qc_p(t_{out} - t_{in}) \tag{4-7}$$

式中：Q 为一回路冷却剂流量，kg/s；c_p 为冷却剂水的比定压热容，J/(kg·K)。

核电厂运行的目标是使 $P_e = P_r$。为此，可供选择的稳态运行特性主要有以下几种。

（1）反应堆冷却剂平均温度恒定的运行方式。这种运行特性是当输出功率水平变化时，保持一回路冷却剂平均温度不变，即 t_{av} 不变。一、二回路参数随功率的变化如图 4-7 所示。

输出功率的改变是通过控制汽轮机进汽调节阀来实现的。例如：要增加输出功率，首先使蒸汽调节阀开大。此时，增大的输出功率要从一回路系统吸收更多的热量，在短时间内，导致 t_{av} 下降；由于反应堆具有负的慢化剂温度系数，使堆芯反应性以及相应功率增加，导致其出口温度升高。当达到平衡时，反应堆在新的功率水平下保持临界，而

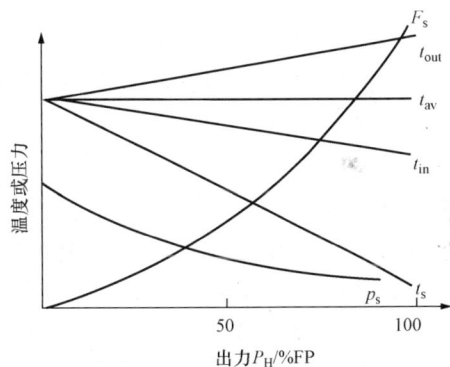

图 4-7 反应堆冷却剂平均温度 t_{av} 恒定运行方式

t_{av} 仍稳定在恒定值，这种运行特性的主要优点如下。

1）要求补偿的反应性小，控制棒主要用于补偿燃料温度变化引起的温度效应。其插入深度浅，因而改善了瞬态工况时的堆芯功率分布，减轻了功率调节系统的负担。

2）减少了对堆芯结构部件，尤其是对燃料元件的热冲击所引起的疲劳蠕变应力，增加了元件的使用安全性。

3）由于自热态零功率至满功率时冷却剂平均温度 t_{av} 不变，对于使用化学毒物控制冷态至热态温度效应的压水堆，可以减少相当数量的控制棒驱动机构。而且控制棒的调节动作少，可延长驱动机构的寿命。

4）运行功率不同时，冷却剂体积原则上是恒定的，理论上可不需要容积补偿，这就可

以大大减小稳压器只寸及减少一回路压力控制系统的工作负担。

5) 运行机动性好,反应堆由零功率至满功率处于 t_{av} 恒定状态,需要补偿的温度效应小,另一方面堆芯结构不发生较大温差,就可以加大提升功率幅度。

其缺点是:反应堆从零功率增加至满功率时,二回路蒸汽温度有大的变化幅度,使二回路系统和设备承受较大的热冲击应力;又因为饱和蒸汽压力变化较大,所以在功率变化的瞬态过程中,给蒸汽发生器、给水调节系统及汽轮机调速系统等加重了负担,降低了系统可靠性。

(2) 二回路压力保持恒定的运行方式。这种运行特性是当堆芯功率水平变化时,要求一回路冷却剂温度上升,而二回路蒸汽压力(以及相应的 t_a)保持不变,这是反应堆稳态运行特性的又一极端情况。如图 4-8 所示,这种运行方式的主要优、缺点刚好与冷却剂平均温度恒定运行方式相反。它的主要优点是,在 0~100% 额定功率提升的过程中,一回路的压力不变,使蒸汽发生器、给水调节系统、蒸汽调压阀、汽轮机调速系统等的工作条件改善,可以合理设计。

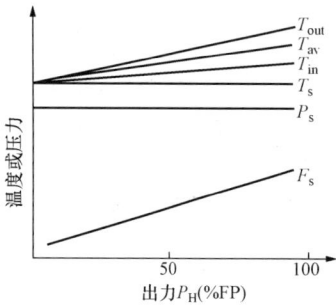

图 4-8　二回路蒸汽压力 p_s 恒定运行方式

此种方式的主要缺点如下:

1) 由于冷却剂平均温度 t_{av} 变化大,在负荷变动时,要求补偿的反应性大,控制系统动作频繁,扰动了堆芯功率分布,甚至导致功率振荡;

2) 负荷变动时,对堆芯结构及元件产生热冲击应力大,在多次反复作用下,可能导致燃料元件的蠕变疲劳;

3) 控制棒动作频繁,影响控制棒驱动机构的寿命;

4) 冷却剂容积变化大,要求稳压器增大容积,也对稳压器压力控制系统及液位控制系统提出了更高的要求;

5) 反应堆的机动性受到限制。

(3) 反应堆入口温度恒定的运行方式。这种运行方式是在各种反应堆功率水平下,均保持反应堆入口温度不变,其他参数随功率而变化,如图 4-9 所示。由于 t_{in} 不变,由零功率至满功率 t_s 的变化较小。相应地,p_s 变化也较小,所以这种方案接近于 p_s 为常数方案。总的来说对二回路是有利的,不但系统和设备可以尽可能地合理设计,提高经济性,调节系统负担也轻。但 t_{av} 变化与 p_s 为常数方案相仿。所以同样有一回路冷却剂容积波动大,稳压器体积大,热冲击应力大以及调节系统负担重等问题。

必须指出的是,要维持反应堆冷却剂入口温度不变,这就只能靠改变反应堆出口温度和蒸汽发生器的出口压力来适应负荷变化,这种运行方式对核电厂负荷调节系统提出了相当高的要求。所以除非电网有特殊要求,一般不采用这种运行方式。

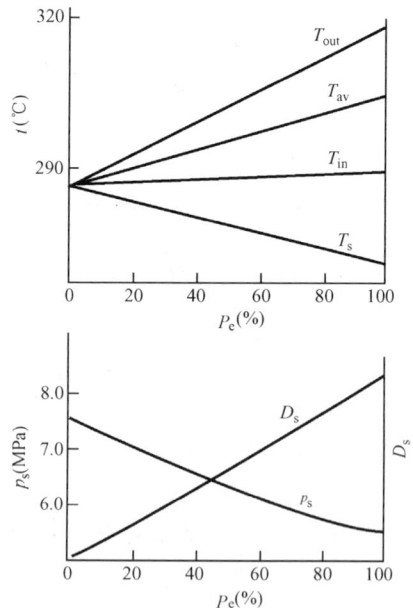

图 4-9　反应堆入口温度恒定的运行方式

(4) 冷却剂平均温度 t_{av} 程序运行方式。冷却剂平均温度 t_{av} 随出力成线性变化的程序运行方式是一种热和机械制约之间的折中运行方式，图4-10所示为900MW级压水堆典型冷却剂平均温度程序运行方式。t_{av} 随出力 P_e 的线性变化可由式（4-8）得出，即

$$t_{av} = t_{av0} + KP_e \qquad (4-8)$$

式中：t_{av0} 为零功率时的冷却剂平均温度；K 为 t_{av} 与出力 P_e 成函数关系的斜率，实际上，t_{av} 随出力 P_e 变化，其斜率 K 不能过大。

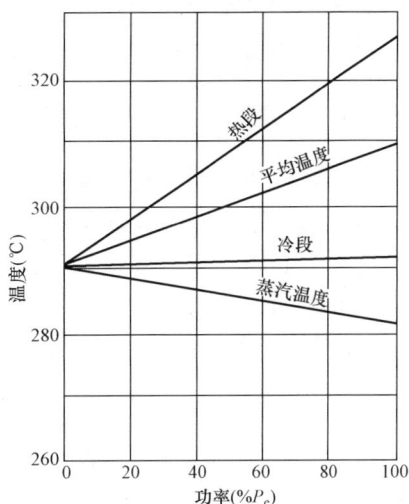

图4-10 一回路和二回路温度的变化

该运行方式是一折中方式，它较好地克服了上述蒸汽压力恒定和冷却剂平均温度恒定方式中的缺点，集中了两种方式的优点。一回路或二回路的全部负担，由一回路和二回路共同承担。其最大的优点是不至于造成二回路系统和设备的限制太强。当然，必定给一回路增加一定的限制条件。当前，大多数压水堆核电厂多采用此种稳态运行方式或者出力 P_e 在 0～100％FP 范围内采用本运行方式，而当出力 P_e 高于 100％FP 时采用冷却剂平均温度恒定的结合型运行方式。

4.2.4 汽轮发电机组的升速、并网和升功率

热备用时，反应堆处于临界状态，功率约为 $2\%P_e$，一回路压力和温度为额定值，二回路的状态是汽机在盘车中，凝汽器处于真空下，给水流量调节系统向蒸汽发生器供水。由此初始状态以后，二回路投入运行将经历汽机启动准备、汽水分离再热器加温、汽轮发电机组升速、并网和升功率五个重要阶段。

(1) 汽机的启动准备条件。升速和盘车装置在工作，润滑油系统投入运用，润滑油温高于 35℃，蒸汽联箱已加温，汽机疏水是可用的。凝汽器处于真空下，汽机入口蒸汽应符合汽机冷态情况下的规定特性。

(2) 汽水分离再热器加温。加温的目的在于根据低压转子的热状态，在适当的时间内向低压缸通入适当温度的蒸汽，以限制转子上的热应力。当低压转子温度小于 65℃时，汽机处于冷态，加温的目的是使管板温度达到 110℃，升温率最大为 4℃/min；低压转子温度在 65～160℃之间时，汽机处于热态，加温的目的在于防止低压转子的冷却；当低压转子温度大于 160℃时，汽机处于很热状态，汽水分离再热器加热的目的是使管板温度达到 235℃。

(3) 汽轮发电机组的升速和并网。使用调节器来升速，根据低压转子热状态来自动选择升速变化率，当低压转子温度小于 65℃时，升速变化率＝25r/min/min；当低压转子温度大于 65℃时，升速变化率＝250r/min/min；当机组升速至 1475r/min，应停用速度跟踪系统，自动过渡到"正常调速"。

汽轮发电机组的并网可以手动或自动地实现，在这两种情况下，在并网瞬间周波和电压应相等。

(4) 汽轮发电机的升功率。低压转子的初始状态确定了升功率的斜率，以及按照这些转子的温度而确定应迅速带上的最小功率，以便限制低压转子上的热应力。当机组带负荷时应

注意监测差胀的演变、振动的演变、止推轴承上推力的演变，以及给水系统低压加热器和高压加热器的温度，并注意对蒸汽发生器水位的监控。

4.2.5　恒定轴向偏移时的反应堆运行

当堆芯内无控制棒时，反应堆径向功率成贝塞尔函数分布，轴向功率近似为余弦分布。反应堆径向功率分布可以通过不同富集度燃料组件的分区布置，可燃毒物组件和控制棒组件的径向对称布置、控制棒组件最佳棒位等措施加以展平，并可精确地预测，所以，对反应堆功率分布的研究主要是研究堆轴向功率的分布。

反应堆运行过程中，功率分布将因慢化剂温度效应，可燃毒物效应，多普勒效应等的影响而变化，氙效应，控制棒组件移动和燃耗，对反应堆轴向功率分布将产生影响。

一、热点因子，轴向偏移和轴向功率偏差

堆功率分布控制是反应堆安全运行的重要课题。运行时，为防止燃料包壳烧毁或燃料芯块熔化，对反应堆最大线功率密度应加以限制。若线功率密度过高，一旦发生失水事故，就有可能超过燃料元件安全允许极限。

堆芯功率分布的均匀程度可以用功率不均匀系数 F_q^T（又称热点因子）来表示，即

$$F_q^T = \frac{(q_l)_{\max}}{(q_l)_{\mathrm{av}}} \tag{4-9}$$

式中：$(q_l)_{\max}$ 为堆芯最大线功率密度，W/m；$(q_l)_{\mathrm{av}}$ 为堆芯平均线功率密度，W/m；F_q^T 是一个不可测的量，为了监测堆功率轴向分布，避免出现热点，对于 F_q^T 所规定的限值，可以通过轴向偏移 AO 来监测：

$$AO = \frac{P_h - P_b}{P_h + P_b} \times 100\% \tag{4-10}$$

式中：P_h 为堆芯上半部功率；P_b 为堆芯下半部功率。

轴向偏移 AO 是轴向中子通量或轴向功率分布的形状因子，但它不能精确地反映燃料热应力情况，在给定功率水平下，堆内中子通量不对称情况可以用轴向功率偏差 ΔI 来描述：

$$\Delta I = P_h - P_b = AO(P_h + P_b) = AO \cdot P \tag{4-11}$$

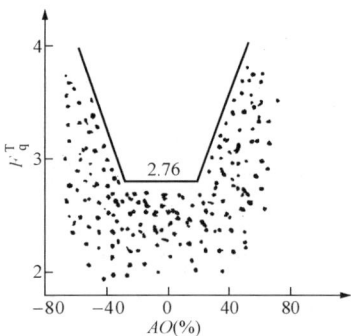

图 4-11　状态点、F_q^T 包络线与 AO 关系

对于一给定功率水平值，由 AO 表征的轴向功率分布对堆芯达到最大线功率密度 $(q_l)_{\max}$ 有直接影响，随着 AO 变化，要监视的特征量是堆芯功率不均匀系数 F_q^T，因此，要建立起 AO 与 F_q^T 之间对应关系式。

图 4-11 是当反应堆处在正常运行状态、运行瞬变和有氙振荡时，进行模拟实验研究和计算，对 40000 个状态点得出的"斑点"。确定这些状态点的位置是为了能确定出包络线，它意味着，对于一个给定的 AO，不管反应堆是在 I 类或 II 类工况，堆芯功率不均匀系数 F_q^T 总是小于或等于包络线所给定的极限。超越这条包络线，堆芯性能就要恶化，包络线由下式决定：

$$\begin{cases} F_q^T = 2.76, & -18\% < AO < +14\% \\ F_q^T = 0.03761 \mid AO \mid + 2.08, & AO < -18\% \\ F_q^T = 0.0376 AO + 2.23, & AO > +14\% \end{cases} \tag{4-12}$$

二、限制功率分布的有关准则

（1）防止堆芯熔化准则。燃料芯块温度不应超过氧化铀的熔化温度，对于新燃料它是 2800℃，对应的堆芯线功率密度是 755W/cm。

考虑到负荷的瞬变和所采用测量方法的精确度，燃料芯块温度极限定为 2260℃，相应的堆芯线功率密度为到 590W/cm。

（2）临界热流密度（DNB）准则。偏离泡核沸腾比（或称烧毁比）为临界热流密度与该点实际热流密度之比。在额定功水平运行时，DNBR＞1.9，在功率突变或出现事故的瞬态过程中，应遵守 DNBR≥1.3 的准则，因此，存在一个不能超越的功率（或 ΔT）极限，保证堆芯最热点的线功率密度不超过 590W/cm。即堆功率不能再继续上升，以防止燃料芯部熔化。

（3）和失水事故有关的准则。在发生失水事故的情况下，应该避免出现燃料包壳熔化。试验结果表明，燃料包壳不能超过的最高温度是 1204℃，相应的堆芯线功率密度理论极限值约为 480W/cm，实用值选 418W/cm，对应于事故发生后包壳的最高温度为 1060℃。

以 900MW 级压水堆核电厂为例，一般情况下，其额定热功率 P_e＝2775MW。其中，燃料产生的功率份额＝0.974，其余 2.6％为在慢化剂中中子慢化过程和水吸收 γ 射线过程中所产生的能量。因此，堆芯平均线功率密度 $(q_l)_{av}$ 为

$$(q_l)_{av} = \frac{2775 \times 10^6 \times 0.974}{157 \times 264 \times 366} = 178(\text{W/cm})$$

式中：157 为燃料组件数；264 为每个燃料组件中燃料棒数；366cm 为燃料棒长度。

$$(q_l)_{max} = F_q^T (q_l)_{av} \leqslant 418\text{W/cm}$$

对于 900MW 的压水堆堆芯，$(q_l)_{av}$ 的值为 178W/cm，这里 P 是用％P_e 表示的相对功率，则失水事故准则可用式（4-13）表示，即

$$F_q^T P < \frac{418}{178} = 2.35 \tag{4-13}$$

综上所述，防止堆芯熔化准则，临界热流密度（或 DNB）准则，和失水事故有关准则限制了轴向偏移 AO 变化，其中以失水事故准则制约性最强，是建立安全运行区域的基本设计依据。

三、恒定轴向偏移的控制

控制棒组件是控制反应堆轴向功率分布的主要手段，但控制棒的移动有可能引起氙振荡，这个寄生效应是较难控制的，在正常运行时，应力求降低轴向氙振荡出现的几率。为此，目前在压水堆核电厂运行中广泛采用恒定轴向偏移的控制方法，这种方法的目的是，不管反应堆运行功率水平是多少，保持反应堆轴向功率分布为同样的形状，用轴向偏移 AO 为恒定值 AO_{ref} 来控制反应堆。

恒定轴向偏移值 AO_{ref} 又称目标值或参考值。它的物理意义是：在额定功率下，平衡氙及控制棒全部从堆芯抽出（或处于最小插入位置）情况下，堆的轴向偏移值。

$$AO_{ref} = \frac{P_h - P_b}{P} \times 100\% \tag{4-14}$$

AO_{ref} 随燃耗而变化，其值从 $-7\% \sim +2\%$（在第一循环期间）；反应堆寿期初，AO_{ref} 值一般在 $-7\% \sim -5\%$。当反应堆以恒定轴向偏移值 AO_{ref} 运行时，相应的轴向功率偏差的目标值 ΔI_{ref} 为

$$\Delta I_{ref} = AO_{ref} \cdot P \tag{4-15}$$

式中：P 为运行功率值。

由此可得出 $P\text{-}\Delta I$ 和 $P\text{-}AO$ 关系图，如图 4-12 所示。

为了运行控制的需要，应将 $F_q^T\text{-}AO$ 关系式转换成 $P\text{-}\Delta I$ 关系。对于运行功率 $P=(0\sim100)\%P_e$，引入系数 $K=(q_l)_{max}/178$，则由式（4-15）可得

$$F_q^T = \frac{K}{P} \tag{4-16}$$

$$AO = \frac{\Delta I}{P}$$

把式（4-16）和式（4-15）式代入式（4-12）式就转换成 $P\text{-}\Delta I$ 关系式

$$\begin{cases} P = \dfrac{K}{2.76}, & -\dfrac{K}{2.76} \times 0.18 < \Delta I < \dfrac{K}{2.76} \times 0.14 \\ P = 0.0181\Delta I + \dfrac{K}{2.08}, & \Delta I < -\dfrac{K}{2.76} \times 0.18 \\ P = 0.0169\Delta I + \dfrac{K}{2.23}, & \Delta I > \dfrac{K}{2.76} \times 0.14 \end{cases} \tag{4-17}$$

如前所述，为遵守堆芯不熔化准则，$(q_l)_{max} < 590W/cm$，把 $K=590/178=3.31$ 代入式（4-17）并把式中 P 由额定功率的相对值改为额定功率的绝对值（$\%P_e$）表示，则可得出满足堆芯不熔化准则的 $P\text{-}\Delta I$ 梯形关系式为

$$\begin{cases} P = 120, & -22\% < \Delta I < +17\% \\ P = 1.81\Delta I + 159, & \Delta I < -22\% \\ P = 1.69\Delta I + 149, & \Delta I > +17\% \end{cases} \tag{4-18}$$

$P\text{-}\Delta I$ 的关系如图 4-13 中 $ABCD$ 梯形所示，称作堆芯燃料芯块不熔化保护梯形，当 $-22\% < \Delta I < +17\%$ 时，允许 $20\%P_e$ 的超功率。实际运行时允许最大功率水平是 $118\%P_n$，$2\%P_n$ 留作设计裕量。图 4-13 中 AOD 即 $P=|\Delta I|$ 线是物理上不可能运行的区域。

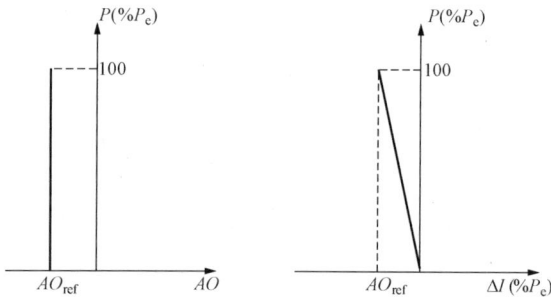

图 4-12　$P\text{-}AO$ 和 $P\text{-}\Delta I$ 图

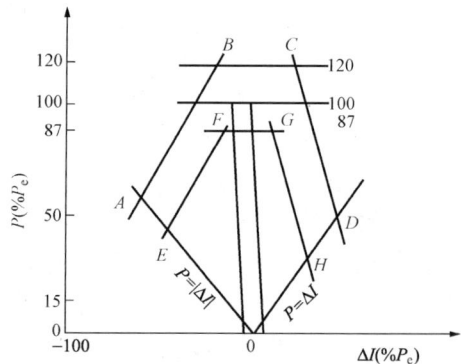

图 4-13　保护梯形与运行梯形

在讨论和失水事故有关准则时，曾给出确保燃料包壳不熔化，堆线功率密度实用值为 $418W/cm$。这样 $K=418/178=2.35$，将此值代入式（4-17）就得到遵守失水事故准则的所有运行工况都将位于由下列等式所决定的 $P\text{-}\Delta I$ 梯形之内。

$$\begin{cases} P = 87, & -16\% < \Delta I < +12\% \\ P = 1.81\Delta I + 113, & \Delta I < -16\% \\ P = 1.69\Delta I + 105, & \Delta I > 12\% \end{cases} \tag{4-19}$$

式（4-19）在图 4-13 中用 $EFGH$ 表示的梯形叫做运行梯形。应该指出，在压水堆正常

运行期间, 若 ΔI 在 ΔI_{ref} ±5% 范围内时, 允许在 (0~100)% P_e 功率间运行。

4.2.6　核电厂的带基本负荷运行或调峰运行

压水堆核电厂在发展初期, 是作为带基本负荷电厂运行的, 即连续以可行的最大功率运行, 所考虑的控制模式是采用强吸收中子的调节棒束——黑棒束, 它能以较大的功率变化速度进行调节, 但引起的通量密度畸变将很大的, 这种控制模式称为 A 模式。

当核电的发展在电力生产中占相当份额后, 核电机组必须参与实时的电力生产与电力消耗相平衡的精细调节, 即要求核电厂参与电网的负荷跟踪, 实现调峰运行, A 控制模式就不足以实现电力生产的最佳化运行, 这样就产生了采用中子吸收较弱的 "灰" 调节棒束的 G 模式。

一、A 控制模式

通过平均温度调节系统使棒束型控制棒组件自动移动, 使反应堆处于临界, 同时, 为了限制功率分布的轴向偏差, 运行人员采用手动操作来改变硼浓度, 以限制调节棒的位移。改变硼浓度是为了补偿燃耗和氙引起的反应性变化, 在功率变化很大的过程中补偿功率效应。当功率上升时, 功率效应即多普勒效应降低反应性。这时需通过提升调节棒以释放一部分后备反应性来补偿这个效应, 功率上升越大, 调节棒提升幅度也越大。功率上升又引起冷却剂平均温度提高, 由于慢化剂温度效应, 也降低反应性。因此, 对于每个负荷值都有一个调节棒组位置与之对应。实际上, 由于给出的冷却剂硼浓度的调节偏差, 控制棒束有一个调节范围, 或叫操作范围。在 A 控制模式运行的压水堆中, 调节棒束分为 A、B、C、D 组, 如图 4-14 所示, 它们依次移动并有一定的重叠区段, 如图 4-15 所示。主调节棒 D 组的移动保证了反应堆功率从 0~100% P_e 的调节。

A 模式调节棒组提升极限是根据调节棒组微分效率的降低而定的, 当调节棒组超过提升极限时, 它就失去了快速改变堆反应性的能力。插入极限则根据紧急停堆时, 调节棒组所能保持的最大积分效率来确定。在正常

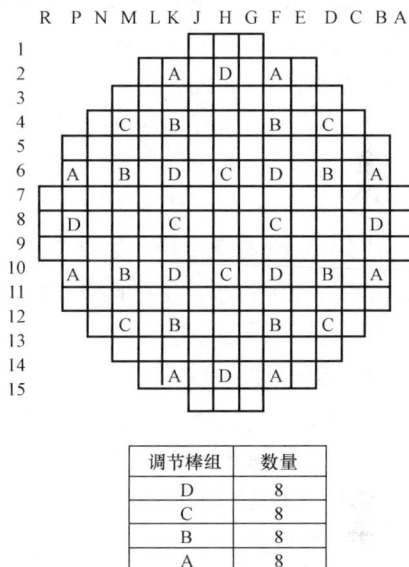

图 4-14　A 模式调节棒组布置

调节棒组	数量
D	8
C	8
B	8
A	8

运行时, 不管反应堆的功率多大, 调节棒组总是处在调节范围内的最高位置, 以保持反应堆轴向偏差 AO 的理想值。操作范围对应于调节棒 D 组的移动, 只在负荷增加或降低时使用, 见图 4-16。

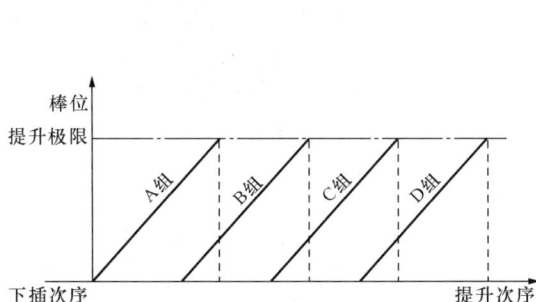

图 4-15　A 模式调节棒组重叠程序

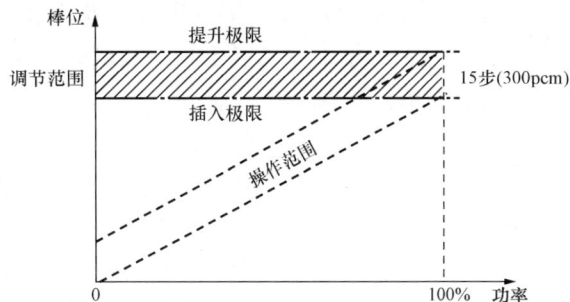

图 4-16　调节棒组 D 的操作范围

二、A 模式的运行控制

带基本负荷运行方式的允许运行范围，即运行梯形如图 4-17 所示。按照这个运行梯形，可确定实用的运行规则。

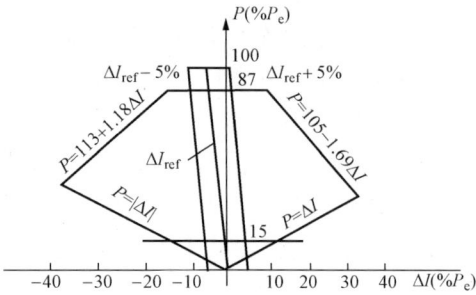

图 4-17　A 模式运行梯形图

（1）反应堆运行功率 $P > 87\% P_e$。在恒定轴向偏移控制方式运行时，应维持轴向功率偏差 ΔI 在 $\Delta I_{ref} \pm 5\%$ 运行带内。如超过这个运行带，则应限制超出运行带的时间。要求在升功率之前 12h 内超出的时间不大于 1h，否则将因氙振荡不可能有效地将堆功率提升到额定值。如果在最近的 12h 内超出运行带 1h，则应将功率降到 $87\% P_e$，并使 ΔI 保持在正常运行梯形内。

在额定功率正常运行时，通常 ΔI 位于 $\Delta I_{ref} \pm 3\%$ 带状区域内。这时，如反应堆不在氙平衡状态，反应性将是变化的，为了维持冷却剂平均温度于整定值，调节棒组将在堆内移动，ΔI 相应变化。调节棒组插入，ΔI 向负值方向移动；调节棒组提升，ΔI 向正值方向移动。

（2）反应堆运行功率在 $15\% P_e < P < 87\% P_e$。工作点（ΔI，P）可以在梯形图内任一点，如工作点接近于梯形腰边界，则应降低反应堆运行功率。

（3）反应堆运行功率 $P < 15\% P_e$。由于没有氙峰出现的危险，可以不限制轴向偏移值。

应用 A 控制模式的主要优点是：①运行简便，只有一个调节回路，正常运行时只需改变硼浓度；②控制棒组件的插入数量少，径向和轴向的燃耗都相当均匀，通过标准的操作程序可极方便地保证停堆深度。

A 控制模式的缺点是：由于控制棒组件的插入很少，当要改变功率时就受化学和容积控制系统的限制，考虑到在一个燃料循环中功率提升速度有规律地下降，实际上不可能在瞬间实现大幅度的负荷变化，例如低于 60% 额定功率的堆功率瞬间回复到满功率。

三、G 控制模式

这种模式称为灰棒模式，它要求反应堆上配备以下两部分才能实现。

（1）在控制棒组件中有一些称为灰棒的棒束，这种棒束由 8 根 Ag-In-Cd 吸收棒和 16 根钢棒组成，而黑棒束由 24 根 Ag-In-Cd 棒组成。灰棒束又有两组：G1 组，由 4 束灰棒组成；G2 组，由 8 束灰棒组成。黑棒束分为 N1、N2 两组，各有 8 束。灰棒组 G1、G2 的布置应使反应堆径向功率畸形最小，G 模式棒束的布置见图 4-18。其中，R 棒组将起温度调节作用。

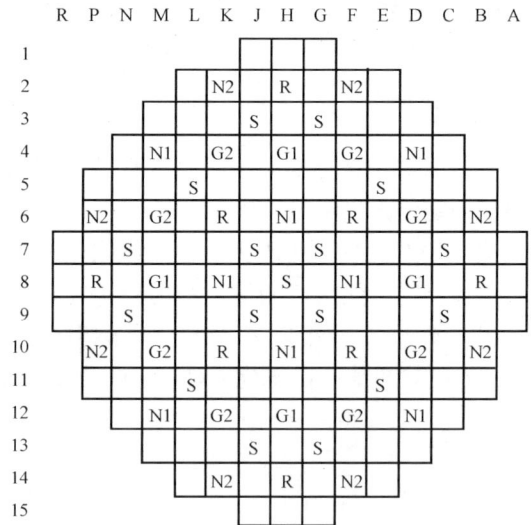

	棒组	数量
调节棒组	R	8
	G1	4
	G2	8
	N1	8
	N2	8
停堆棒组	S	17

图 4-18　G 模式调节棒组和停堆棒组位置

（2）有两个调节回路，一个为开环调节回路，它跟随汽轮发电机组功率整定值顺序控制功率补偿棒组 G1、G2、N1、N2（部分重叠）；另一个回路通过调节棒组（R 棒组）来保证平均温度调节，就如 A 控制模式一样。应用于 900MW 压水堆核电厂的调节回路原理图见图 4-19。G 控制模式的目的是要确定一种核蒸汽供应系统控制方案，以改善 A 控制模式特别是实现某些 A 模式中不可能实现的负荷快变化。在负荷跟踪运行时，灰棒组 G1、G2，随后是黑棒组 N1、N2 依次插入堆芯并有一定的重叠，它们的位置决定于汽轮发电机组功率的整定值，而可溶硼仍用于补偿反应性因氙、燃耗而引起的慢变化。由慢化剂平均温度调节系统控制的黑棒组的作用，则补偿由于弱的氙变化或因灰棒组整定不准确而产生的剩余反应

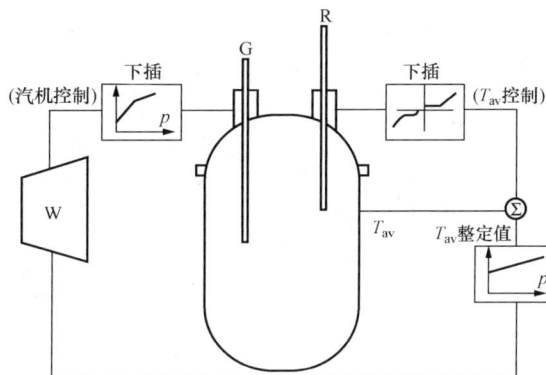

图 4-19 900MW 压水堆核电厂调节系统回路原理图

性变化，以及当功率轴向差值 ΔI 超出 $\Delta I_{ref}+5\%$ 时，使轴向振荡停止。然而，R 棒组的移动被限制在一个调节带内，以免引起过大的轴向畸变，一旦超出，运行人员必须改变硼浓度，使 R 棒组回复到调节带内。

四、G 模式的运行控制

负荷跟踪运行方式（Mode G）允许的运行范围是依据 Mode A 同样的原理并结合 Mode G 运行特点而确定的。根据 F_q^T-AO 关系，为了遵守与失水事故有关的准则，必须限制负端的 AO，这个限值在转换为 P-ΔI 曲线后就确定了负端 ΔI 允许运行区域的边界，超过这个边界运行功率自动下降。考虑到正端 ΔI 功率偏差是严重的轴向氙振荡的潜在根源，为了限制正端 ΔI，把 Mode G 允许运行范围以 $\Delta I_{ref}+5\%$ 为正端边界，如图 4-20 所示。

G 控制模式的优点是：在任何时刻都允许有各种瞬态而不需要运行人员的干预，控制棒组对功率分布的干扰不会产生轴向振荡。G 模式的缺点则是，由于硼和棒束的作用清楚地分开，因此当负荷降低时，不可能像 A 模式那样补偿由氙变化引起的功率效应，以致在反应堆循环末期紧急停堆后的再启动中，可操纵性将大大降低。

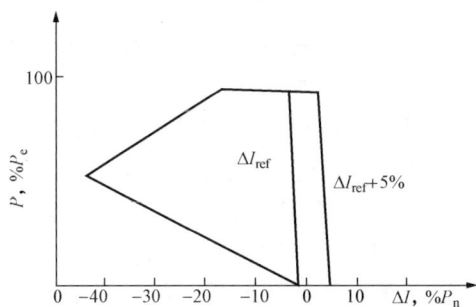

图 4-20 G 模式运行范围

4.2.7 功率运行中的几个问题

（1）冷却剂压力的控制。压水堆核电厂正常运行时，冷却剂系统压力必须保持在一定的范围内，900MW 级压水堆冷却剂系统压力为 15.5 ± 0.2MPa，但由于它是个封闭的回路系统。因此，当压水堆适应负荷的变化而运行在各功率水平，导致冷却剂系统温度场分布和平均温度的改变时，或冷却剂系统补水、泄漏等原因引起水容积的波动时，都会引起冷却剂系统压力的变化。压力过高，会使系统设备受到损坏；压力过低，会造成堆芯局部沸腾，严重时可能会出现体积沸腾而烧毁燃料元件。

在压水堆的任何功率水平上，稳压器控制着反应堆冷却剂的压力，压力的控制力图维持稳压器内液相和汽相处于相当于整定压力的饱和温度之下。

图 4-21 是压水堆核电厂稳压器的压力控制程序图。通常，稳压器内一直稳定地保持着一小股喷雾流量，以避免喷雾管线和膨胀管受到热冲击，并且使稳压器中的硼浓度接近于冷却剂系统的硼浓度。喷雾器的压力控制阀处于"稳压器压力——整定压力"误差信号的控制之下。当系统的压力上升，超过压力整定值上限时动作，喷雾流量在最小流量到最大流量范围内变动。稳压器内六组加热器的两组可调式加热器由"稳压器压力——整定压力"误差信号来控制，它们补偿了稳压器的热损失，和由正常运行时的最小喷雾流量所引起的冷却，其余的四组通断式加热器自动地在"稳压器压力过低"（这时水位应在正常

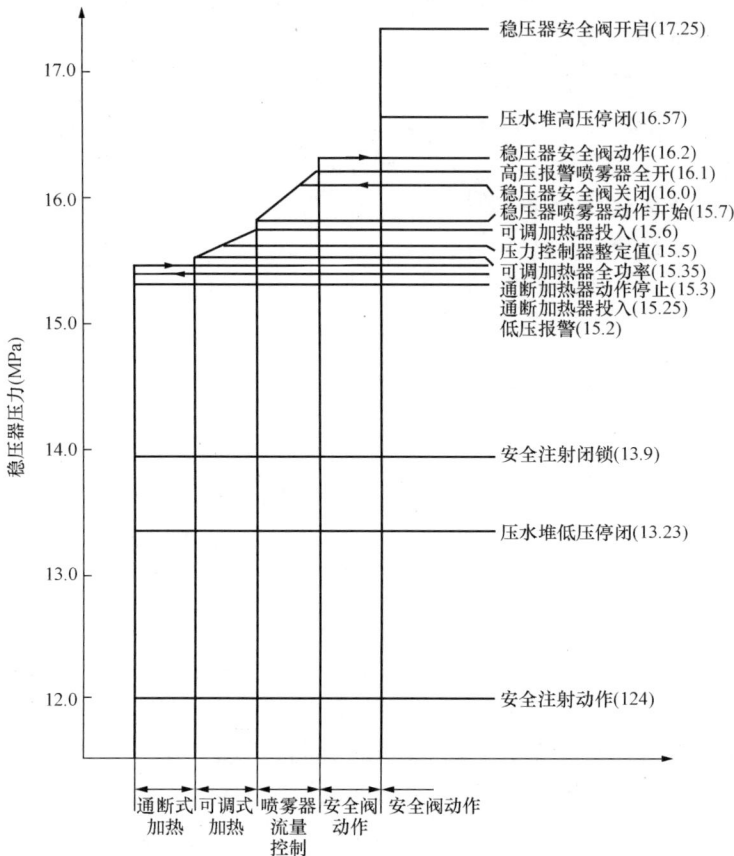

图 4-21 稳压器的压力控制程序图

范围）和"稳压器水位过高"时开动。在压水堆启动或冷停闭运行期间，加热器由手动来控制。

在核电厂的事故工况下，或由于某种原因造成系统压力持续不断地上升，而稳压器喷雾流量开到最大值仍不足以补偿和限制系统的超压时，装在稳压器顶部的三个安全阀组在不同的压力整定值相继开启，将稳压器汽空间的蒸汽导入卸压箱，使一回路系统卸压。

（2）冷却剂体积的控制。稳压器的体积可以吸收掉由于负荷变化所引起的压水堆冷却剂体积的正常变化。若与化学和容积控制系统一起，稳压器还可以补偿由于运行工况的突变所引起的压水堆冷却剂体积的变化。

压水堆正常运行时，可以采取在某种负荷以上冷却剂平均温度不变，改变蒸汽温度和压力，或改变冷却剂平均温度，而二回路蒸汽温度及压力维持不变等两种调节方案，以平均温度为主调节参数时，稳压器水位被当作冷却剂平均温度 T_{av} 的函数来控制。根据一个给定的 T_{av} 来计算水位整定值。水位在整定值附近的任何变化都要调节化学和容积控制系统的上充阀，使上充流量发生变化。用容积控制箱的水位来补偿下泄流的不足或过剩。在功率不变的情况下，下泄流量等于上充流量和反应堆主泵轴封水流量之和。

当功率增加，冷却剂平均温度增加，一回路水膨胀时，其大部分由稳压器吸收，过剩的

小部冷却剂通过下泄储存在容积控制箱内。同时，水位自动控制系统将水位整定值升高到与新的功率相对应的位置上。在这个过程中，由于经过下泄孔板的流量保持不变，但稳压器水位控制信号使上充流减少，下泄水温度就增加，当下泄水温度超过混合床离子交换器运行的最高温度，则下泄流自动旁通，直接流入容积控制箱，以保护树脂。容积控制箱的一个高水位信号将转动三通控制阀，这个阀调整了到容积控制箱和到硼回收系统的流量。

功率减小时，冷却剂平均温度降低，一回路水体积收缩，稳压器中水位给定值也降低，以补偿这些收缩。如果需要增加上充流量，而容积控制箱内水位又非常低时，则可将上充泵的入口接到换料水储存箱，将硼水注入反应堆冷却剂系统中。

(3) 冷却剂硼浓度的控制。冷却剂系统中硼浓度的控制，由化学和容积控制系统上充泵进行，以配合控制棒组件控制压水堆的反应性，硼浓度控制有自动补给、稀释和硼化几种程序。

正常运行时，按自动补给程序，将预先选定流量的硼酸和除盐水相混合。经容积控制箱由上充泵把混合水注入一回路系统，对一回路泄漏进行自动补偿。随着燃耗的增加以及裂变产物氙、钐等毒物的积累对反应性的影响，以及为保证调节棒组处于所希望的位置，必须通过降低冷却剂硼浓度来进行补偿。操作时，把补水调节器放在"稀释"位置，在调节器上给定除盐水加入到反应堆冷却剂系统中的流量和总量。当容积控制箱的水位达到最高水位，下泄流将自动地直接排放到哪回收系统。在稀释过程中应监视调节棒组位置的指示以及冷却剂温度的变化。当已达到预先确定的补充量，或调节棒组已处于所希望的位置时，补给水停止。

当出现由于负荷的变动引起氙的变化时，补水控制允许调节除氧除盐水的进入量，当氙减少时，应调节注入一回路系统中浓硼酸数量和流量，增加冷却剂中硼浓度，以保持控制棒位置。这时，应把补水控制开关放到"硼化"位置上，并给定希望注入一回路的硼酸总量和流量，注入由硼酸制备系统供给的 4% 浓硼酸溶液，并把相应数量的冷却剂排放到硼回收系统，来提高冷却剂硼浓度。

利用充排方式来控制冷却剂硼浓度的调硼操作简单可靠，在堆芯寿期的大部分时间内，可以运用。但在堆芯寿期末，冷却剂中含硼浓度已很低时，则可以利用离子交换法除硼，作进一步稀释，让冷却剂通过除硼离子交换器，使冷却剂中硼酸根离子 BO_3^{3-} 与树脂中氢氧根离子 OH^- 发生交换反应。冷却剂中硼浓度也随之而降低。

(4) 蒸汽排放系统的控制。在正常运行中，当汽轮机负荷很快地下降时，反应堆要经受一个过渡过程，蒸汽排放系统可减小过渡过程的幅度；启动和停堆的初期，蒸汽排放系统用来吸收反应堆多余或剩余的能量。汽轮机蒸汽旁路阀允许将额定压力下最大蒸汽产量的 85%（有的压水堆设计为 40%）排向凝汽器，以吸收汽轮发电机甩掉的外负荷。排放的蒸汽在凝汽器中冷凝成凝结水，并除氧。

当发生了负荷的快速降低或者甩负荷，而汽轮机蒸汽旁路阀由于凝汽器真空不足或其他原因而闭锁时，将使蒸汽压力上升，造成主蒸汽管线上向大气排放的释放阀开启，并导致停堆。大气排放阀的排汽容量一般为额定参数下蒸汽产量的 10%；蒸汽压力再升高时，安全阀也会很快地打开，它的容量是按照能够在满负荷时排放汽轮机甩负荷的总蒸汽量而确定的。

(5) 蒸汽发生器给水的控制。在正常运行时，蒸汽发生器的给水由主汽动给水泵供水；

在启动时，由电动辅助给水泵或汽动辅助给水泵供水，辅助给水来自辅助给水箱。每一条主给水线的流量由主给水阀或它的旁路阀来控制，或由主汽动给水泵的转速来控制，辅助给水流量由辅助给水阀来控制。

蒸汽发生器的设计，要求保持二次侧的液位在一个预定的值上。在低负荷时，水位随负荷而变动以测量到的水位和整定值数值相比较作为水位误差信号，同时，一个"给水蒸汽流量不符"差值信号被加到水位误差信号上，以改善系统的动态响应，得到的信号用来控制主给水阀。

主汽动给水泵的速度调节实现给水控制阀的作用，这个速度调节受一个误差信号的控制，这个误差信号是由蒸汽流量导出的压力整定值同给水管和蒸汽管之间压差相比较而得到的。

在堆启动时，通常在 15％额定负荷以前，都是用手动控制来调整主给水阀的开度和主汽动给水泵的转速，在这以后，控制就成为自动的。

在反应堆紧急停闭以后，主给水阀关闭，蒸汽发生器的给水，在手动控制之下，通过主给水阀的旁路阀供给。

4.3　停　　闭

核电厂的停闭就是把运行着的反应堆从功率运行水平降低到中子源水平，停闭运行有两种方式，即正常停闭和事故停闭。正常停闭又可按停闭的工况及停闭时间的长短分为热停闭（短期的停闭）和冷停闭（长期的停闭）两类。

4.3.1　热停闭

核电厂的热停闭是短期的暂时性的停堆，这时，冷却剂系统保持热态零负荷时的运行温度和压力，二回路系统处于热备用工况，随时准备带负荷继续运行。

反应堆从热备用工况进行热停闭时，反应堆的负荷降到零，所有调节棒组完全插入，停堆棒组可以插入或抽出（但必须保证冷却剂维持在最小停堆深度的硼浓度），反应堆处于次临界，$k_{\text{eff}} < 0.99$。

一回路和二回路温度由控制蒸汽压力来维持，其能量来自堆芯的余热和冷却剂泵的转动，蒸汽排放到大气或凝汽器，一回路压力由稳压器的自动控制（加热或喷淋）维持在它的正常值。稳压器的水位则由化学和容积控制系统维持在零负荷值，如长时间内处于热停闭，则至少应有一台主泵在运行。

如果反应堆热停闭超过了 11h，堆内裂变产物氙毒的变化超过了碘坑，氙毒反应性减少，如果不加补偿，可能会使反应堆重返临界，为此，必须进行冷却剂加硼操作，以保证在热停闭期间 k_{eff} 始终小于 0.99。

4.3.2　冷停闭

反应堆处于热停闭状态以后，才能进行冷停闭操作。冷停闭时，调节棒组及停堆棒组全插入，尚需向冷却剂加硼，以抵消从热态降到冷态过程中，因负温度效应引入的正反应性，维持堆的足够的次临界度。此外，还需要对系统进行冷却，具体的操作有以下几点。

（1）冷停闭开始之前，首先降低容积控制箱的压力，关闭氢气供应管系，使冷却剂中氢气浓度降到 5cm³/kg 以下，用氮气吹扫容积控制箱气空间，以消除氢和裂变气体。

（2）对冷却剂加硼，根据棒位、硼浓度、氙毒变化等运行情况，准确估算实现冷停闭时冷却剂硼浓度规定值，和所需增加硼酸溶液的总容积，保证足够的停堆深度。加硼过程中，一回路系统的几个环路内至少要有一台冷却剂泵运行，并且加大稳压器喷雾流量，以均匀稳压器和冷却剂环路的硼浓度，使两者之差值小于 50mg/kg。加硼时，必须密切注视源量程通道计数率和冷却剂平均温度的变化，以观察和分析硼化效果，如发现计数率上升或冷却剂温度增加等异常现象时，应立即中止硼化操作，查究原因，纠正后方可继续进行。

在加硼操作时，反应堆补水控制开关置于"硼化"位置；加硼操作完成后，将补水控制开关转向"自动补给"位置，并按照冷停闭浓度重新调整硼酸控制给定值，以补偿在系统冷却过程中冷却剂的泄漏损失和体积收缩，确保容积控制箱内冷却剂的正常水平。

（3）冷却剂加硼到冷停闭工况所要求的硼浓度后，关闭稳压器的电加热器，手动控制喷雾流量，使系统冷却卸压至常温常压，可分为两个阶段：

第一阶段。堆芯的剩余发热和冷却剂的显热通过蒸汽发生器，由二回路控制系统把产生的蒸汽旁路到凝汽器，凝汽器真空度破坏时，可由释放阀向大气排放，使冷却剂冷却至 180℃、3.0MPa。冷却剂系统的冷却速率应符合规定，冷却过程中必须保证冷却剂系统各环路的均匀冷却。在这个过程中还应注意：①降温过程中要保证冷却剂温度比稳压器饱和温度稍低；②冷却剂降压至 13.8MPa 时，安全注射系统的动作线路应予闭锁，否则，当压力再降低时，安全注射信号会启动高压注射泵向堆芯紧急注入含硼水；③冷却剂降压至 6.9MPa 时，安全注射箱应予隔离，关闭电动隔离阀，在控制室手动进行这个操作；④在卸压过程中，依次打开各下泄孔板，以维持下泄流量在它的正常值附近，然后，增大上充流来淹没稳压器汽空间，并且打开喷雾器。

当冷却剂压力降到 2.5～3.0MPa，冷却剂温度低于 180℃时，启动余热排出系统，以控制一回路温度，以上是冷却卸压的第一阶段。

第二阶段。将余热排出系统与化学和容积控制系统连接起来，以保证下泄流量，这时可关闭正常下泄管线上的下泄孔板。温度降低到接近于 180℃时，改善蒸汽发生器水的化学性质，以着手准备冷停闭。为此，在一定温度下注入化学添加剂，当获得了所需的水量以后，就让蒸汽发生器进入湿保养状态。

用余热排出系统继续完成冷却，直至达到温度小于 70℃ 的冷停闭状态。

在停堆冷却过程中，对运转着的冷却剂泵和停转的冷却剂泵均需连续供应设备冷却水，及时冷却冷却剂泵的轴密封，直至一回路系统降温降压到冷态和冷却剂泵停转超过半小时为止。

上述冷却卸压的全过程，如图 4-22 所示。

在切断了化学和容积控制系统的上充流以后，开动辅助喷淋系统，最终完成稳压器的冷却。

在稳压器和回路中的温度均匀了以后，就切断辅助喷淋管系，上充泵停转，并使一回路系统恢复到常压状态。

当有设备需要维修或堆芯要进行换料时，应在冷却剂温度降到 60℃，冷却剂加硼到 $k_{eff} < 0.9$ 规定值后进行。需要换料时，还应在吊起压力容器顶盖的同时，将含硼浓度大于 2000mg/kg 水灌入堆池及运输管道，开动安全壳通风和过滤系统，以降低在维修或换料时的放射性水平。

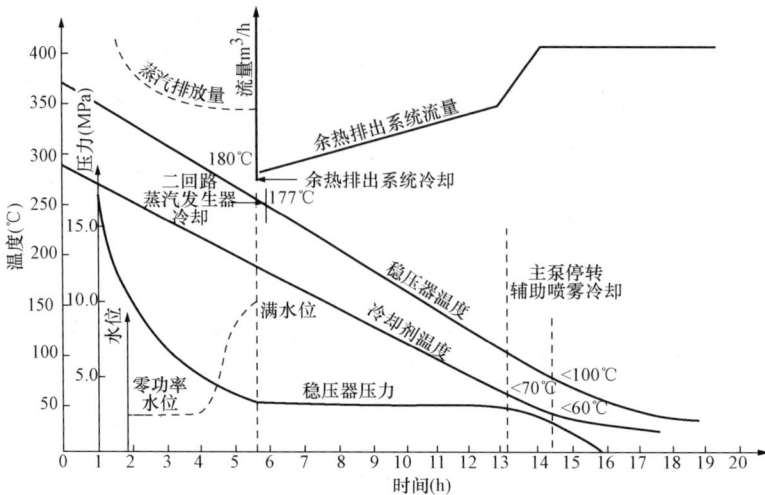

图 4-22　反应堆冷却卸压过程图

4.3.3　事故停闭

当核电厂发生直接危及反应堆安全的事故时，保护系统动作，快速插入全部控制棒组件紧急停堆。如果事故严重（如主蒸汽管道破裂、失水事故），则需向堆芯紧急注入含硼水，使裂变反应瞬即停止。事故停闭后，必须保证对反应堆的继续冷却。

4.3.4　压水堆核电厂停闭中的问题

压水堆核电厂停闭以后，必须注意裂变产物衰变所放出的衰变热，而在短期停闭后再次启动时，需考虑裂变产物的累积。

一、衰变热

压水堆在停闭后的相当长时间内，由于核裂变所产生的裂变产物的 β、γ 放射性衰变而发出的热量是相当可观的，以一个在满功率运行超过 100d 的压水堆为例，堆热停闭后，它的停堆剩余发热随时间的下降大致如表 4-1 所示。

衰变热可按式（4-20）近似算出，即

表 4-1　反应堆停闭后的剩余发热

停闭后时间	衰变热（%P_e）
1min	4.5
30min	2.0
1h	1.62
8h	0.96
48h	0.62

$$P = 0.0622[T^{-0.2} - (T + T_1)^{-0.2}] \qquad (4\text{-}20)$$

式中：P 为反应堆热功率，MW；T_1 为停堆前的运行时间，s；T 为停闭后时间，s。

因此，压水堆停闭后，为了除去衰变热，防止燃料元件包壳融化，冷却剂泵必须继续运转，衰变热通过蒸汽发生器由二回路带出，当一回路压力、温度降到一定程度时，余热排出系统必须投入。若在反应堆停闭的同时发生了断电事故，主泵不能工作时，则依靠冷却剂自然循环使堆芯冷却，系统也靠应急电源的投入而继续工作，此外，在发生一回路管道破裂的失水事故时，由安全注射系统将硼水注入堆芯，为堆芯提供应急的和持续的冷却。

二、^{135}Xe 的累积

反应堆停闭后堆内反应性变化的特点是由于裂变产物氙中毒而使堆内出现了积毒和中毒

的过程，如图 4-23 所示。

压水堆在一定功率水平上运行，随着燃料的燃耗，裂变产物在堆内吸收中子将使反应堆中毒，而引起反应性损失。裂变产物中主要毒素 ^{135}Xe 来自裂变产物 ^{135}I 的衰变，以及由裂变直接产生。当反应堆运行在高功率时，由氙积累所引起的反应性损失达到平衡，从图 4-23 上可看出，大致相当于碘的衰变速度。在停堆时，碘和氙已达到了稳定浓度，中毒实际上已达到了平衡值，即 $\rho = -\rho_{0,Xe}$（见图 4-23 上线段 I）。而在停堆以后，由于氙的消失速度减慢，便会产生碘坑，从图 4-24 上可以清楚地看出，堆热停闭后大约 11 个 h，由于碘的衰变速度 $N_I(t)$（即氙的积累速度）大于氙的衰变速度 $N_{Xe}(t)$，因此，氙的积累是主要的，这时，堆内剩余反应性将下降（见图 4-23 上线段 II），这一阶段称为"积毒"，反应堆则由于次临界度的加深而偏于安全；到停闭后 11 个 h，碘的衰变速度与氙的衰变速度相等，氙中毒引起的反应性损失达最大值，即碘坑的最大值；之后，氙的衰变速度大于由碘而产生的速度，反应性损失减小，即中毒减小，反应性开始回升，这个阶段称为氙的"消毒"（见图 4-23 上线段 III）。

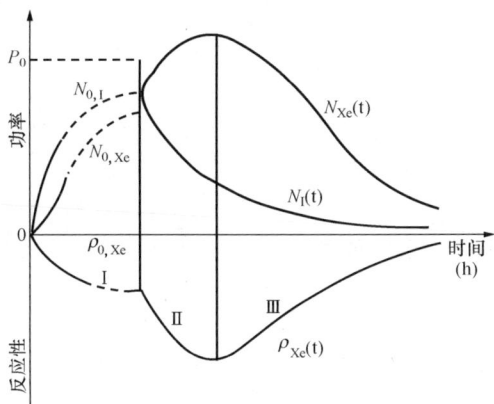

图 4-23 氙的中毒曲线

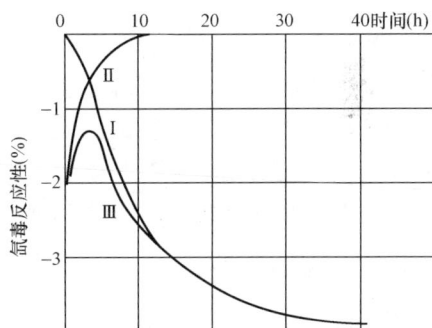

图 4-24 反应堆停闭后再启动时堆内反应性变化

碘坑曲线反映了随着停闭时间的增加，堆内反应性的变化。它给停闭后再启动时的操作带来了一定的复杂性，可以分为三种情况。

（1）在积毒阶段启动。当碘坑最大值之前的积毒阶段，例如热停闭后 2h 内再启动，这是最简单的情况，这时可直接按顺序提升调节棒组而达临界。在提升调节棒组时，应估计到随时都有可能达到临界；在接近临界时，必须避免任何可能使冷却剂平均温度突变 5℃ 或冷却剂硼浓度稀释 10mg/kg 的操作，并且应注意堆内中子的倍增率不超过每分钟 10 倍（相当于反应堆周期 $T = 26s$）。

（2）最大碘坑中启动。如果反应堆停闭时间较长，在最大碘坑中开堆，即使把控制棒组件全部抽出，由于碘坑深度大于停堆时的剩余反应性，使反应堆不可能临界。这时，只有对冷却剂进行适当的硼稀释操作，才有可能使反应堆启动。但是，反应堆一旦启动之后，随着功率的提升，毒素氙因吸收大量中子迅速减少，而碘的生成还很少（即氙的产生十分缓慢），氙的浓度下降，使得反应性相应地上升。这时，又需要及时对冷却剂加硼，以抑制反应性的增加，不使反应堆功率有急增的可能。

由此可见，在最大碘坑中启动，为了抵消部分氙毒，需要对冷却剂先进行硼稀释，启动后又要加硼，操作过程十分复杂，并且产生大量的废水，所以应尽量避免这样的启动。

在堆的寿期末，由于后备反应性较小，可能会发生在碘坑中根本无法启动的情况。

（3）在消毒阶段启动。在最大碘坑后的消毒阶段再启动反应堆时，由于氙的自发消毒引入了反应性，因而就不需要对冷却剂硼浓度作稀释，但启动操作必须十分小心，特别要防止因反应性引入速率过大而出现短周期事故。

以上是反应堆停闭后，在碘坑中再次启动的三种典型情况。应该指出的是：堆达到临界，电厂恢复额定功率运行过程中，对功率的提升必须十分小心，使氙毒消失速度能有效地得到控制。在提升到额定功率过程中，堆内已经积累起来的氙毒，因中子通量的增大会迅速消失，引起反应性增加，以后，氙的减少被碘的积累和衰变成氙所补偿，氙毒又按通常规律积累达到平衡值。由图 4-24 可以看出，碘坑中启动反应堆后，在 2～3h 内氙的消失比产生的快（见图 4-24 中曲线Ⅰ），在 3h 后，消毒作用才减弱而开始积毒（见图 4-24 中曲线Ⅱ）实际上，堆内反应性按曲线Ⅲ变化，所以当功率提升到 80％额定功率时，要注意氙毒的消失能得到控制，使主调节棒组始终能处于调节带内。

4.4　核电厂的换料

燃料装卸系统设计的目的在于将那些可能会造成燃料破损并引起裂变物质释放的违章和误操作减少到最低程度。该系统还会使换料操作既安全又迅速。为简化反应堆换料过程，反应堆利用乏燃料操作设备换料，该设备是为操作乏燃料设计的，乏燃料从离开反应堆容器直到在准备运出厂区的运输容器中就位，始终处于水中。这种换料方式能使操作人员看到换料过程，同时水又能起到屏蔽、慢化和冷却作用。

4.4.1　换料操作过程

换料操作分卸料和装料两个过程。首先把所有的燃料组件（以及插配在其中的各种功能组件）从压力容器中取出，安置在与反应堆相邻的燃料厂房，然后根据下一轮循环中新燃料组件和继续使用的旧燃料组件在堆芯中的位置相应调换配置于其中的功能组件，再把这些带有各种功能组件的燃料组件逐个送回反应堆厂房，装入压力容器。

（1）卸料。卸料的顺序和组件的存放位置，要有周密的计划。卸料工作结束后，在燃料厂房内要进行包括控制棒组件、阻力塞组件和可燃毒物组件等相关功能组件的位置调换。可燃毒物组件在第一循环后不再使用，控制棒组件和阻力塞组件则无限期在堆内使用，它们在堆内的位置不变，而燃料组件在堆内的坐标位置则随每次换料而变。相关组件必须形成新的组合。

（2）装料。相关组件的调整工作完成以后，可开始按新的装载图装料。大约有 80％的燃料组件在核反应产生的高温和辐射作用下发生变形而轻微弯曲，会给卸料和装料带来困难。装载过程大体上是按卸料的逆向过程进行。

压水堆的装卸料有以下特殊性：①卸料时，由于使用过的燃料元件放射性非常强，因此它的运输和储存必须在水下进行，水是一种经济有效的冷却剂，只要有足够的深度，又可作为对中子和γ的屏蔽层，透过它还能观察装卸料操作，为保证卸料时堆芯处于次临界，水中需含浓硼酸；②现代压水堆燃料组件为无盒组件，相邻两个燃料组件之间的间隙仅 1mm，因此，装卸料机应有可靠的自动定位系统，以确保装卸料时的精确对中定位；③为了提高电厂的利用系数，应尽可能缩短装卸料时间。

　　燃料装卸操作将在两个厂房的三个操作区进行（见图 4-25），每个操作区有各自的系统和设备。各操作区如下所述。

　　1）燃料厂房——新燃料的接收、干储存室，和乏燃料组件的储存的场所。乏燃料池又分成三个水池：①运输水池；②储存水池，充有硼水，可供处于衰变期的 10/3 堆芯再加上一个全堆芯乏燃料组件的储存，乏燃料最少应储存三个月才能运往后处理厂；③乏燃料组件运输罐冲洗、装罐水池。

　　有的压水堆核电厂的设计把乏燃料储存水池和新燃料的接收、干储存室都放在安全壳内。

　　2）安全壳——反应堆坐落的地方，换料腔位于压水堆的上部，为一衬不锈钢的钢筋混凝土结构。换料时，反应堆停闭后 2400mg/kg 的含硼水由余热排出系统从换料水箱（RWST）泵到腔内，在反应堆的上面构成一个换料水池。运送辐照过的燃料都是在水下进行的，按照设计，换料时辐射剂量应 $\leq$2.5mR/h。

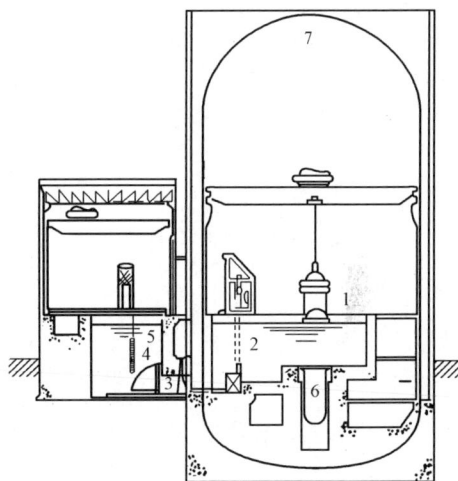

图 4-25　燃料的装卸操作过程
1—起吊压力容器顶盖；2—装卸料机；3—燃料
运输管道；4—运输小车（翻转机）；5—装卸
料桥吊；6—反应堆；7—安全壳

　　换料水池内能储存堆内构件及控制棒组件等。燃料组件的装卸料操作由装卸料机进行，更换燃料的大部分操作都在这里进行。

　　3）燃料运输系统——换料水池与乏燃料池之间，由一个穿过安全壳水平的直径为 50.8cm 的不锈钢管燃料运输管相连。停堆时，运输管道充水，运输小车每次允许带一个燃料组件在它们之间往返输送燃料组件。

　　接受新燃料组件并将其储存在新燃料储存区的架子上。将新燃料运送到反应堆中是通过下列步骤完成的：①从新燃料储存区将燃料取出并输送到新燃料提升机，在那里将其放入乏燃料储存水池中并通过传送系统送入安全壳内；②在安全壳内部，燃料被送到反应堆容器，并放到应该放的位置上。堆芯首次装料时，燃料运输一般不经过乏燃料储存水池，和燃料运输管道，换料腔也不充水，因为未辐照燃料不需要屏蔽。然而，以后的换料要靠操作水下乏燃料的设备来完成。

　　新燃料装在金属装运容器中运到现场。在每个容器中装两个燃料组件（首次装料时，在一些容器中装有控制棒组件）。总重量，包括燃料组件大致约 2171.1kg，这些装运容器用空气加压到 301.175kPa。接收燃料期间要进行一些检查。

4.4.2　换料操作主要阶段

　　换料操作可分成 5 个主要阶段：①准备；②反应堆拆卸；③燃料元件装卸；④反应堆装配；⑤乏燃料容器装料。整个 5 个阶段典型操作的一般描述如下。

　　（1）阶段Ⅰ——准备。反应堆停堆并冷却到冷停堆状态，最终的 $k_{eff} \leq 0.95$（所有的棒都插入）。在进行辐射测量后，人进入安全壳。同时，反应堆容器内冷却剂的水平面降低到略低于容器法兰的位置。然后检查燃料输送设备和装卸料机作好操作准备。

（2）阶段Ⅱ——反应堆拆卸。拆除容器上部所有的电缆、空气导管和绝缘并断开上部的注入管道。然后封闭反应堆腔，检查水下光源、工具和燃料运输系统，关闭换料通道的排水孔；去掉燃料输送管道上的盲法兰等，换料腔准备好注水。在换料通道准备好注水的同时，把反应堆压力容器的顶盖略微抬起，升到压力容器法兰上方30.48cm左右处。用余热排出泵将水从换料水箱泵入反应堆冷却剂系统，使水溢流到换料腔。压力容器顶盖和换料腔内的水位同时升高，保持水位低于顶部。当水达到安全屏蔽的深度时，将压力容器顶盖移到其存放支架上去。控制棒驱动机构连同上端的内部零件一起，已在事先拆好，并从压力容器上取走。此时已经没有什么东西妨碍燃料组件和控制棒束组件了，堆芯做好了换料准备。

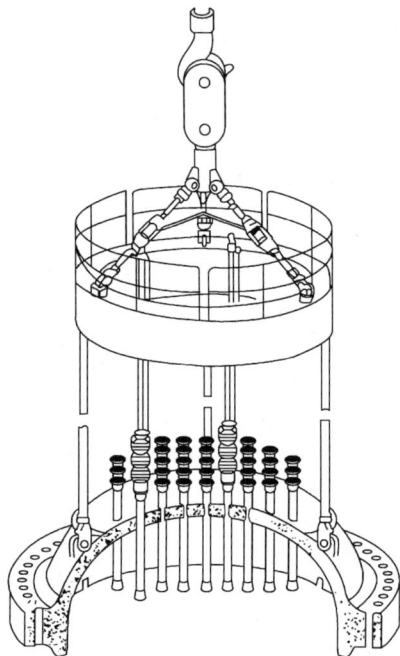

图4-26 反应堆容器顶盖提升器

反应堆容器顶盖提升器（见图4-26）是焊接的或螺栓固定的结构钢框架，并配有适当的索具，使旋转桥式起重机操作人员在进行换料操作时能够将反应堆容器顶盖提起来并存放。提升器永久性地连接到反应堆容器顶盖上。与反应堆容器顶盖配套的是用于反应堆容器双头螺栓张紧器的单轨吊车和绞车。

（3）阶段Ⅲ——燃料组件装卸。装卸料机开始按换料程序工作。在每次换料之前先要制定换料方案，按照方案的规定从堆芯中卸掉乏燃料组件、改变部分乏燃料组件的位置、向堆芯补加新燃料组件等。

燃料装卸的一般程序是：

1）装卸料机在堆芯中燃料最贫化区的燃料组件上方就位；

2）用装卸料机将燃料组件提升到预定的高度，使之既能高出反应堆容器，又能保持有足够的水屏蔽层以消除对操作人员的任何辐射危险；

3）如果要卸掉的组件含有一个控制棒束单元，则可用装卸料机将组件放到控制棒束交换定位器中，将控制棒束从乏燃料组件中取下来，并把它装到事先放在定位器中的新燃料组件或部分燃耗的乏燃料组件上；

4）将燃料组件运输小车推到安全壳内反应堆水池卸料翻转机附近的换料通道的适当位置上；

5）用卸料翻转机将燃料组件运输框架转动到垂直状态；

6）移动装卸料机使燃料组件对准燃料运输系统；

7）装卸料机将一个燃料组件装入组件运输车中的燃料组件运输框架里；

8）用卸料翻转机将运输框架转动到水平状态；

9）用运输车将燃料运输框架经过燃料输送管道送到乏燃料储存水池；

10）将燃料组件运输框架提升成垂直状态，用乏燃料储存水池的桥式起重机卸下燃料组件；

11）将燃料组件放入乏燃料储存架中；

12）从干储存室取出新燃料组件，并同新燃料提升机一起下落到燃料运输通道中，并用乏燃料储存水池的桥式起重机将新燃料组件装到燃料组件容器中去；

13）将燃料组件容器翻转到水平状态，运输车返回到安全壳；

14）将部分燃耗的乏燃料重新安放在反应堆堆芯中，并向堆芯补加新燃料组件；

15）无论新燃料组件或者倒料的燃料组件，凡其中待放控制棒束的，首先要放到控制棒束交换定位器中，以便接受一个从乏燃料组件中拆下来的控制棒束；

16）重复上述程序一直到完成换料为止。

（4）阶段Ⅳ——反应堆装配。紧跟换料之后，即进行反应堆的总装配。本阶段主要是将阶段Ⅱ——反应堆拆卸中所讲的各种操作顺序倒过来完成。

（5）阶段Ⅴ——乏燃料运输容器装料。

1）运送乏燃料屏蔽容器的运输车停放在燃料厂房里面；

2）关闭外面大门；

3）用燃料厂房的装卸料桥吊吊起屏蔽容器并将其移到操作面上的蔽开区，如果需要，摘钩后，装卸料桥吊用于其他目的，可将屏蔽容器放到容器去污设施中或者放到乏燃料储存水池的屏蔽容器装载区，在上述两种情况下，地震活动不应将屏蔽容器翻倒；

4）在乏燃料储存水池和屏蔽容器装载区之间的狭窄通道里装一个屏蔽门。

第 5 章   压水堆核电厂的异常运行和事故分析

压水堆核电厂在其运行寿期内，有可能出现异常运行甚至发生一些事故。因此，事故分析是评价核电厂安全性的重要内容，也是各种保护系统与安全设施在正常或事故工况下运行的重要依据。核电厂营运单位向国家核安全监督部门为申请建造核电厂，及反应堆投运而提交审评的《初步安全分析报告》和《最终安全分析报告》中，也必须对各类事故作出分析，以表明反应堆装置可以在没有危及工作人员与公众健康和安全的风险下运行。

5.1   控制棒组件失控抽出事故

由于反应堆控制系统或控制棒驱动机构故障，控制棒组件不可控地抽出，引起堆内反应性连续增加而造成功率持续上升的现象称为控制棒组件失控抽出事故，这种事故在反应堆启动或功率运行时都可能发生。

在正常运行时，堆芯由两种方式加以调节，即以移动控制棒组件造成反应性的快变化，或调整一回路冷却剂硼浓度控制反应性的慢变化。由于这两种调节方式的不当，可能引起的反应性引入事故有：控制棒组件的失控提升；硼酸失控稀释；弹棒事故等。

5.1.1   启动时控制棒组件失控抽出

一、事故的描述

在启动过程中发生控制棒组件失控抽出，所引起的中子通量迅速增长，将被核燃料多普勒负反应性系数的反馈效应所抑制。这种自动限制堆功率激增的内在因素是非常重要的，在保护动作有一定的时间延迟时，它能把功率限制在一个允许的水平上。如果事故继续发展，则以下反应堆保护系统将逐级动作以终止链式反应：

（1）源量程高中子通量引起反应堆停堆，采用二取一逻辑；

（2）中间量程高中子通量引起反应堆停堆，采用二取一逻辑，此整定值可按需要手动调整；

（3）功率量程高中子通量超过低整定值时，反应堆停闭，采取四取二逻辑，功率水平约大于 25% 额定功率时动作；

（4）功率量程高中子通量，超过高整定值时，反应堆停堆，采用四取二逻辑。

此外，在中间量程高中子通量和功率量程高中子通量，设有禁止提棒的保护。

二、分析的方法

分析时，对于反应堆的初始条件，取如下假设。

（1）核燃料的多普勒负反应性系数取最小值，使控制棒组件失控抽出的初期，多普勒效应对功率增长的抑制作用最小。

（2）由于燃料热阻大，传热性能差，与中子通量增长速度相比，在过程初期，可以认为冷却剂温度不变，从而忽略慢化剂温度效应的影响。但是，当中子通量达到峰值以后，功率的继续增长就不能不考虑慢化剂反应性系数的作用。为了得到最大的热流密度，慢化剂温度系数取正值 1.8×10^{-5} $(\Delta k/k)/^{\circ}C$。

（3）以反应堆处于热态零功率作为事故的初始工况，这样将得出更高的中子通量峰值。

（4）反应堆是通过功率量程高中子通量超过低整定值时的保护动作，紧急停闭。考虑到仪表和整定值的误差，以及停堆信号动作、控制棒组件下插的时间延迟等因素，停堆整定值由 25% 额定功率提高到 35% 额定功率。

（5）价值最大的控制棒组件卡死在堆顶。

（6）反应性引入率大于两组最大价值的控制棒以最快速度（如 114cm/min）同时抽出的正反应性引入率。

根据上述假设条件，解堆芯的动态方程（用 6 组缓发中子的点堆模型）和热工水力学方程，并且在估计多普勒负反应性效应时，考虑了功率的非均匀分布，引入一个适当的权重因子后，计算过渡过程中热流密度、中子通量（功率）以及燃料、包壳和冷却剂温度的变化曲线，其结果分别见图 5-1 和图 5-2。

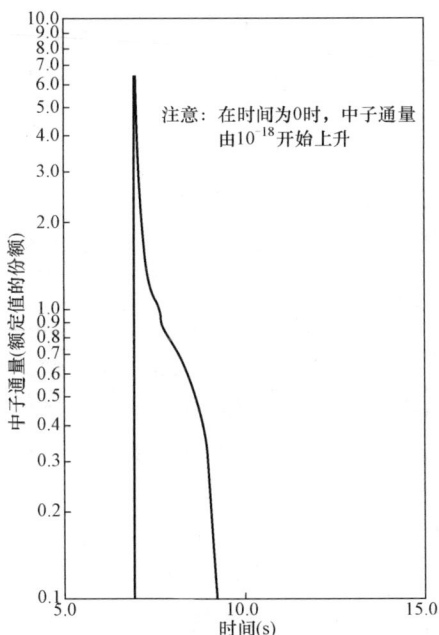

图 5-1　启动时控制棒组件失控
抽出中子通量变化曲线

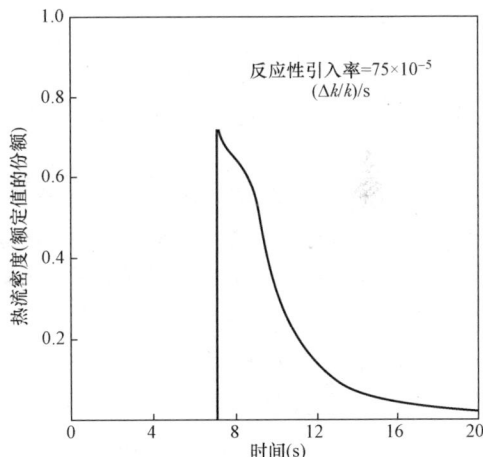

图 5-2　启动时控制棒组件失控
抽出热流密度变化曲线

三、结果与讨论

图 5-1 表示中子通量的瞬态变化。由于控制棒组件的失控抽出，堆周期变得很短，到 35% 额定功率时紧急停堆。但是，控制棒下插有一段时间，所以中子通量还要继续增长，它达到峰值时已远远高出满功率额定值，只是持续的时间很短，所释放的能量和燃料温度的增

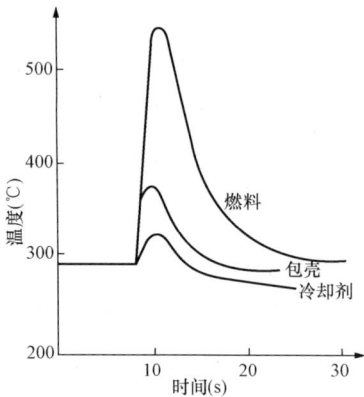

图 5-3　启动时控制棒组件失控
抽出温度变化曲线

加都是相当小的。

图 5-2 是过渡过程中的热流密度响应特性，虽然最大中子通量达到了额定值的 8 倍（见图 5-1），但峰值热流密度却只有额定值的 62%，这是由于陶瓷烧结的二氧化铀芯块传热性差，热滞产生了有益效应。燃料表面热流密度低于设计值，说明过渡过程中堆芯内始终保持着一定的过冷度，所以偏离泡核沸腾还有裕量。

图 5-3 表示在过渡过程中燃料、包壳和冷却剂温度的响应曲线。燃料温度不到 450℃，所以是十分安全的。

以上的计算结果表明，启动时控制棒组件失控抽出时，采用最保守的假设条件下，冷却剂温度、包壳温度、燃料温度以及热流密度都不超过额定值，烧毁比大于 1.30。因此，堆芯没有受到有害的影响。

5.1.2　功率运行时控制棒组件失控抽出

一、事故的描述

功率运行时，控制棒组件失控抽出导致堆芯热流密度的增加。由于外负荷不变，并且在稳压器压力达到安全阀组动作整定值之前，一回路冷却剂温度会迅速上升，可能出现核态沸腾。为了防止包壳的损坏，要求在烧毁比下降到 1.30 之前，紧急停堆。

这类事故发生后，下列反应堆保护系统将动作：

（1）功率量程超过超功率整定值，紧急停堆，采用四取二逻辑。

（2）冷却剂温差超过超温整定值，紧急停堆。采用三取二逻辑。为了防止反应堆发生膜态沸腾的危险，此整定值应随轴向功率不均匀而增加、随冷却剂温度上升和压力下降而低。

（3）由于超功率而紧急停堆，这功率是由温差算出的，采用三取二逻辑。为了使燃料的线功率密度不超过允许值，超功率整定值应随轴向功率不均匀增加而降低。

（4）稳压器压力超过整定值时，紧急停堆，采用三取二逻辑。这个整定值应低于稳压器安全阀动作压力值。

（5）稳压器水位超过整定值时，紧急停堆，采用三取二逻辑。

除了上述紧急停堆情况外，中子通量过高（采用四取一逻辑）、超功率 ΔT（即超功率由温差算出，采用三取二逻辑）和超温 Δt（即超温温差，采用三取二逻辑）设有禁止提棒的保护。

二、分析的方法

为了得到烧毁比的保守值，作了如下的假设：

（1）运行初始条件取最大的堆芯功率、最大的冷却剂平均温度和最小的一回路系统压力。即堆芯功率高 2%额定功率，冷却剂平均温度高 2.2℃，一回路系统压力低 0.21MPa，使烧毁比裕度处于最小值；

（2）反应性系数取相当于堆芯寿期开始的最小反馈量，即慢化剂温度系数为零，多普勒负反应性系数取最小值，过渡过程中的堆芯温度最高；

（3）反应堆高中子通量停堆整定值为 118％额定功率，并且停堆信号的延迟时间取最大值；

（4）价值最大的控制棒组件卡死在堆顶；

（5）反应性引入率大于两组最大价值的控制棒以最快速度（如 114cm/min）同时抽出的正反应性引入率。

根据上述假设条件，结合超功率和超温温差所提供的保护，计算过渡过程中反应堆功率、冷却剂温度、稳压器压力、烧毁比等有关参数。

三、结果与讨论

图 5-4 表示在不同的反应性增加速率下，用超功率保护和超温温差保护来确保堆芯安全的方法。图中各线的意义如下：

（1）实线（称保护线）表示超功率和超温温差引起紧急停堆的运行限制值（已经考虑了仪表和整定值的误差）。

（2）虚线（称烧毁线）表示烧毁比等于 1.30 的极限工况数值。在给定压力下，烧毁线以下和以左是安全区域，即烧毁比大于 1.30。

（3）OA 表示在反应性引入速率比较大的情况下，功率迅速增长，由于燃料传热是一个比较慢的过程，所以冷却剂温度不会有很大变化，功率已上升到 118％额定功率，反应堆因超功率而紧急停闭。

（4）OB 表示在反应性引入速度比较小的情况下，堆功率稍有增长，但冷却剂温度会有很大的增长，反应堆由超温保护的温差通道引起紧急停闭。

（5）处在 OA 和 OB 之间的中等反应性引入速率情况下，则由功率或温度响应中速率快的一个来执行紧急停堆的保护动作。

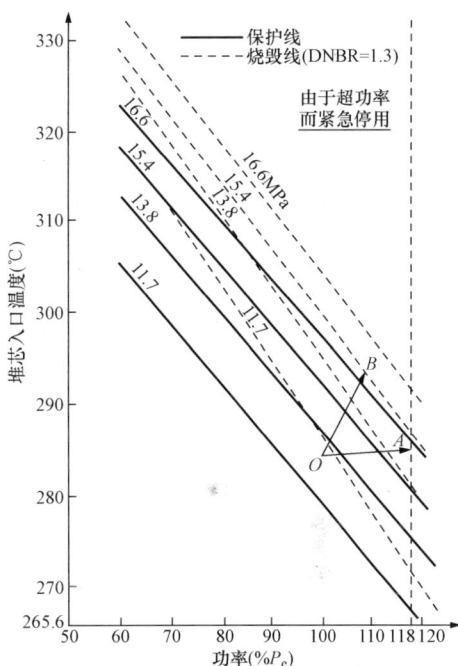

图 5-4　超功率和超温温差保护图例

图 5-5 表示了在满功率工况下，控制棒组件快速抽出时，功率、稳压器压力、冷却剂平均温度和烧毁比的响应曲线。可以看出，事故开始后，大约在 2s 内发出超功率保护，紧急停堆。由于这个时间比燃料的传热时间常数快，所以只产生了一个较小的温度和压力的变化，并保持了一个较大的烧毁比裕量。

图 5-6 表示了在满功率工况下，控制棒组件慢速抽出时，功率、稳压器压力、冷却剂平均温度和烧毁比的响应。事故开始后相当长的时间，反应堆才由超温温差保护，紧急停闭。这时温度和压力的上升幅度较大，因而烧毁比的裕量较小。

由此可见，超功率和超温温差紧急停堆，在反应性引入率的可能范围内，为反应堆提供了适当的保护，使烧毁比均大于 1.30，因此包壳不会受到损坏。

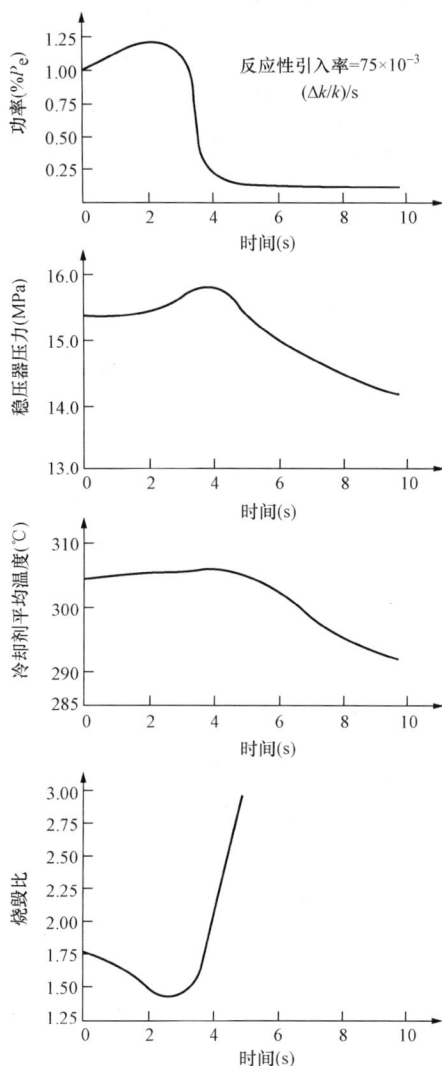

图 5-5 满功率时控制棒组件失控
抽出超功率保护过渡过程

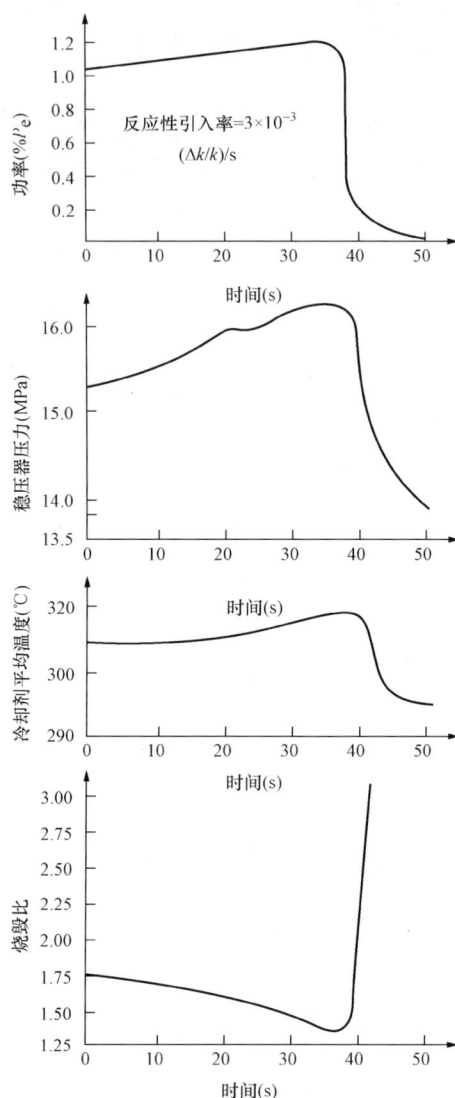

图 5-6 满功率时控制棒组件失控
抽出超温温差保护过渡过程

5.2 失去正常给水

5.2.1 事故的描述

二回路失去正常给水后，蒸汽发生器给水得不到及时的补充，水位逐渐下降，使系统带走堆芯热量的能力减弱。当发生这类事故时，如果反应堆不立即停闭，则一回路系统由于冷源的突然丧失，堆芯温度迅速上升，可能引起损坏；并且，反应堆紧急停闭之后，若不能向蒸汽发生器提供辅助给水，以维持最低水位，则堆内剩余发热也可能将一回路系统冷却剂加热到相当高的温度和压力，直至稳压器安全阀组动作，例如美国三里岛核电厂事故的起因就是二回路系统给水丧失的常规故障，而又未能及时向蒸汽发生器提供辅助给水，引起一回路系统超温超压，再加上运行人员的误操作，发展成为失水事故的。

根据失去正常给水后的特征，反应堆采取以下保护措施：

（1）任一台蒸汽发生器中出现低—低水位时，紧急停堆；

（2）蒸汽流量—给水流量失配与蒸汽发生器低水位相符合时，紧急停堆；

（3）稳压器中压力过高时，紧急停堆；

（4）稳压器中水位过高时，紧急停堆；

（5）两台电动辅助给水泵遇下列情况之一时，启动投入运行：

1）任一台蒸汽发生器中出现低—低水位；

2）所有主给水泵脱扣；

3）发生安全注入信号；

4）失去外电源。

（6）一台汽动辅助给水泵遇下列情况之一时，启动投入运行：

1）任意两台蒸汽发生器中出现低—低水位；

2）失去外电源。

如果由于失去外电源而引起蒸汽发生器正常给水丧失，则汽动辅助给水泵利用堆芯余热在蒸汽发生器中产生的蒸汽作为动力，汽动辅助给水泵与电动辅助给水泵均应在 1min 内启动，以便及时带出堆芯余热和一回路系统显热，防止超压，所产生的蒸汽通过大气排放阀或安全阀向空排放。

5.2.2　分析的方法

为了计算随着失去正常给水后，过渡过程中蒸汽发生器水位、稳压器水位和冷却剂平均温度等有关参数，作如下假设：

（1）在反应堆停闭时，蒸汽发生器的初始水位（指全部的蒸汽发生器）已处在最低位置，即低量程水位接孔处；

（2）初始功率取 102％额定功率；

（3）堆芯剩余发热，以反应堆停闭前长期运行在满功率工况下进行计算；

（4）用反应堆冷却剂系统自然循环下的传热系数，计算蒸汽发生器的热交换量；

（5）事故发生后 1min，仅有一台电动辅助给水泵可以运行；辅助给水只供两台蒸汽发生器；

（6）蒸汽释放阀和蒸汽旁路阀不动作，蒸汽压力参数上升到安全阀整定值时，才向空排放；

（7）初始的冷却剂平均温度比正常值低 2.2℃，因此在过渡过程中，反应堆冷却剂系统的水体积膨胀较大，导致稳压器内水位更为偏高。

5.2.3　结果与讨论

图 5-7 表示了失去正常给水后核电站参数的变化，从图上可以得出以下结论。

（1）随着反应堆和汽轮机组停闭，由于蒸汽发生器内气泡含量的降低，以及蒸汽通过安全阀的持续排放，使蒸汽发生器内水位进一步下降，直到辅助给水启动，才终止了水位的降低，否则在若干分钟内蒸汽发生器就会烧干。

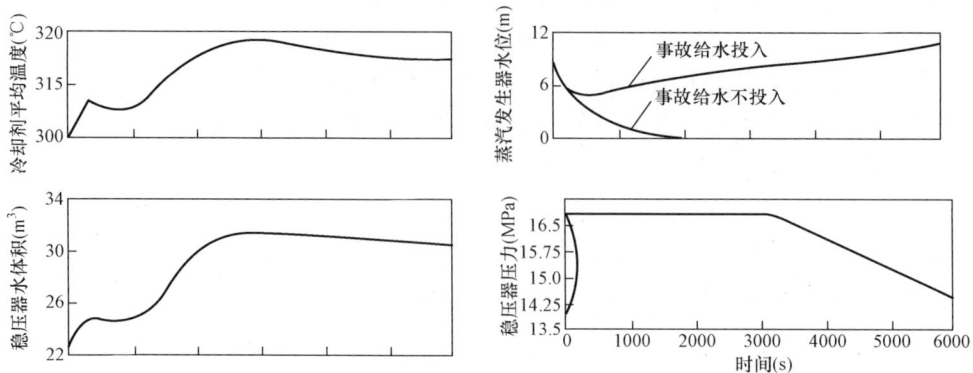

图 5-7 失去正常给水事故时的过渡过程

　　电动辅助给水泵的设计容量，使得泵启动后能维持蒸汽发生器水位不低于最低值，即有足够的有效传热面积来带出堆芯的余热，使一回路系统不会超压。

　　（2）在过渡过程中，稳压器的压力峰值达到 16.7MPa，但低于稳压器安全阀的动作整定值（17.25MPa）所以，不会发生水从稳压器释放阀排放的情况。

　　分析结果表明，失去正常给水后，只要辅助给水系统能够正常工作，就不会对堆芯、冷却剂系统和二回路系统产生不良的影响。

5.3　全　厂　断　电　事　故

5.3.1　事故的描述

　　外电网发生故障时，电站甩去全部外负荷，仅带 5% 额定功率维持厂用电方式运行。此时，如果汽轮机组脱扣或者反应堆保护系统动作，引起紧急停堆，就发展成了全厂断电事故。

　　由于全厂断电，冷却剂泵失去了电源，只能靠泵惰转和冷却剂惯性能量驱动冷却剂，一回路系统流量急剧下降（故又称失流事故，LOFA），紧急停堆后，功率很快下降，但因二氧化铀导热性差、热容量大，储存在内部的热量和剩余发热的释放，使燃料棒表面热流密度下降的速率比较缓慢，滞后于功率水平的变化（见图 5-8）。所以，如果冷却剂流量下降速率超过了燃料棒表面热流密度的下降，燃料棒表面冷却能力不足而温度上升，同样也会引起部分包壳熔化。

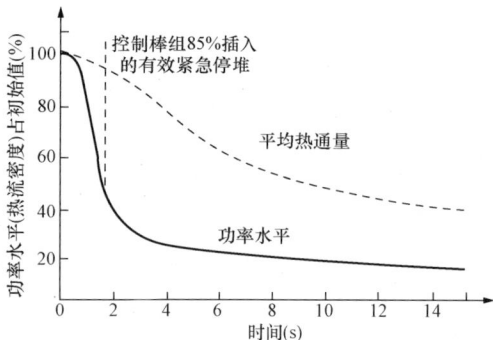

图 5-8　紧急停堆后的相对功率和热流密度

　　二回路系统在汽轮机组脱扣后，蒸汽旁路阀被凝汽器低真空度所闭锁，于是蒸汽通过蒸汽释放阀和安全阀向空排放，以带出一回路系统热量。同时，因为给水泵停转，水量得不到及时补充，蒸汽发生器二次侧水位将随着给水的蒸发而逐渐下降（如果辅助给水泵不能立即启动投入运行的话），蒸汽发生器内二次侧储水的减少，意味着对一回路系统冷却能力的减弱，这样更不利于堆芯的排热。

对于全厂断电事故，设计上采取了以下几点具体措施：

（1）反应堆能在全厂断电后，迅速停闭；

（2）每台冷却剂泵顶部配置飞轮（飞轮的大小根据流量下滑要求来进行计算），增加冷却剂泵的转动惯量，以便延长断电后的惰转时间；

（3）汽动辅助给水泵立即自启动，投入运行，向蒸汽发生器二次侧提供能够满足堆芯余热冷却要求的最小给水流量；

（4）冷却剂泵惰转停止后，由冷却剂的自然循环（蒸汽发生器位置高于反应堆）继续排出堆内余热，同时，通过蒸汽释放阀向空排放蒸汽，达到降低冷却剂温度的目的；

（5）柴油发电机组应在最短的时间内启动，迅速供电，使全厂安全母线上有一台辅助给水泵、一台设备冷却水泵和两台紧急公用水泵投入运行。

5.3.2　分析的方法

为了得出全厂断电后偏于保守的分析结果，作了如下假设。

（1）反应性系数取法如下：

1）慢化剂温度系数取零，使过渡过程初期，在热点处产生一个最大的热流密度，烧毁比余量最小；

2）多普勒负温度系数取最大值，使紧急停堆时，假定反应性价值最大的一根控制棒组件又卡死在堆顶的情况下，反应堆的次临界度最小。

（2）以工作母线低周波或低电压保护，引起紧急停堆。根据以上假设条件，计算全厂断电后过渡过程中堆芯流量、冷却剂泵转速、反应堆功率、热流密度以及烧毁比随时间的变化。

5.3.3　结果与讨论

图 5-9 是全厂断电事故发生后烧毁比随时间的变化。从图中可以看出，过渡过程开始后，大约在 3.1s 时，烧毁比达到最低值，即为 1.38，但仍大于最小烧毁比 1.30。因此，反应堆冷却剂泵失去强迫流动，由泵惰转流量冷却堆芯，不会引起燃料包壳的损坏。

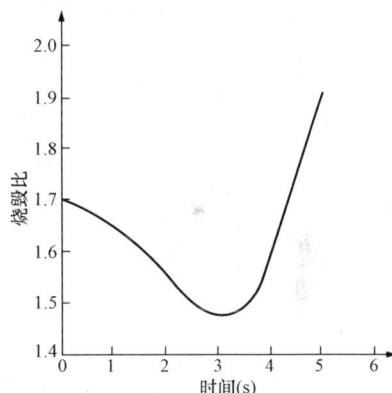

图 5-9　全厂断电后烧毁比随时间变化曲线

5.4　蒸汽发生器传热管断裂事故

5.4.1　事故的描述

蒸汽发生器传热管断裂事故，包括一根传热管断裂和多根传热管断裂，或传热管有裂缝导致轻微连续泄漏，事故时导致一回路与二回路间联通，使第二道屏障——一回路压力边界失去了完整性。

压水堆核电站的蒸汽发生器传热管长期运行后，在一些干湿交替或有涡流的部位管壁局部变薄，产生裂缝或小裂口。最严重的情况是一根传热管完全断裂。据美国 20 世纪 80 年代的统计，引起压水堆核电站事故停闭的最大原因之一，就是蒸汽发生器的传热管发生泄漏（见表 5-1）。

表 5-1 蒸汽发生器事故的统计

年 份	反 应 堆 数	有传热管损坏的反应堆数	有传热管损坏的反应堆占总堆数的百分比（%）
1971	34	19	56
1972	41	13	32
1973	49	11	22
1974	59	25	42
1975	62	22	35
1976	68	25	37

一、传热管破裂的原因

造成蒸汽发生器传热管破裂，归纳起来有以下几种原因：

（1）设计上由于采用流速过大或过小、内部流体不均匀、底部有滞流、局部区域温度过高以及支撑方法不当；

（2）制造上由于机械加工、焊接、热处理、胀接加工、组装不好产生应力；

（3）材料上管材质量不好，或者选用了易产生晶间腐蚀、应力腐蚀的材料；

（4）化学上由于二回路给水水质不好，化学处理方法不善或处理规范不合适，导致传热管的腐蚀损坏，而凝汽器泄漏是二回路水质变坏的重要原因。

从蒸汽发生器事故资料的统计表明：上述几种原因中，引起传热管破裂的主要原因是应力腐蚀或晶间腐蚀；其次是由于振动造成疲劳损坏。传热管损坏的部位大多数发生在传热管与管板的连接部分，特别是热流体的入口端，如管端与管板密封焊接部分、胀管段靠近上下管的管段或双管板之间的管段等区域。

目前，蒸汽发生器传热管的材料，普遍采用抗氯离子应力腐蚀性能较好的因科镍－600 或因科洛依－800。这种材料具有良好的延展性，因此发生单根传热管完全断裂的假定是偏于保守的。

二、传热管破裂的现象

蒸汽发生器传热管断裂事故发生后，将呈现以下现象：

（1）蒸汽发生器传热管破口的出现，导致一回路水流失，一回路系统压力下降，稳压器低压力和低水位报警；上充泵流量增加，企图维持稳压器水位。由于一回路系统的大量泄漏，使故障蒸汽发生器的给水流量减少，而出现蒸汽流量与给水流量之间的失配（见图 5-10）。

（2）一回路系统冷却剂不断流失，致使反应堆因稳压器低压保护而紧急停闭。反应堆停闭以后，除了冷却剂继续从破口不断流失外，还由于一回路系统冷却、水的体积收缩，使稳压器水位下降更快。一旦稳压器低压力与低水位信号相符合，就发出安全注射信号，向堆内注入换料水箱中的 2400mg/kg 硼水。同时，切断二回路系统的正常给水，并启动辅助给水泵（见图 5-11）。

（3）反应堆停闭信号触发汽轮机组脱扣，蒸汽通过旁路阀排入凝汽器。若同时发生失去外电源，则汽轮机旁路阀自动关闭，以保护凝汽器，蒸汽压力迅速上升，通过大气排放阀和安全阀排向大气。

（4）蒸汽发生器排污液体监测器和凝汽器抽汽器的放射性监测器报警，指示出二回路系统放射性的急剧增加，并自动终止蒸汽发生器下泄系统的排污。

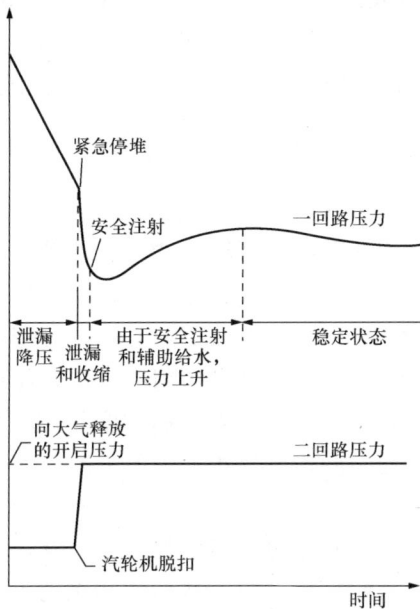

图 5-10　一回路和二回路压力变化

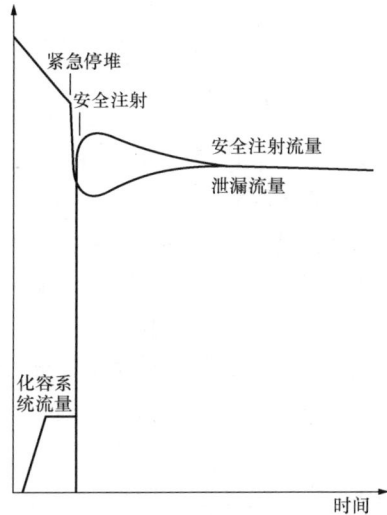

图 5-11　一回路流量变化

（5）停堆后的余热由连续供应的辅助给水和安全注射硼水流量所形成的冷源带走。

（6）安全注射水最终能部分地恢复反应堆冷却剂压力和稳压器水位。

蒸汽发生器传热管断裂的主要标志，是凝汽器抽汽器的放射性报警，或者是蒸汽发生器的排污水的放射性报警，以及故障蒸汽发生器中水位迅速升高，其水位高于正常的蒸汽发生器。然后，完成对故障蒸汽发生器的隔离，并进行反应堆冷却停闭的操作。

为了确定蒸汽发生器传热管泄漏的性质、程度极其断裂部位，必须在一回路系统卸压后才能进行检查，并采取相应的堵管措施。

5.4.2　分析的方法

蒸汽发生器传热管断裂时，为了估算对环境的影响，做了如下的假设：

（1）反应堆由于稳压器低压保护动作，紧急停堆。

（2）反应堆满功率运行，有 1% 燃料棒包壳破损，一回路冷却剂中的比放射性见表 5-2。

表 5-2　　　　　　　　有 1% 燃料棒包壳破损时一回路冷却剂中比放射性

同　位　素	比放射性（μCi/g）	同　位　素	比放射性（μCi/g）
I-131	2.6	Kr-85m	2.1
I-132	0.88	Kr-87	1.2
I-133	3.8	Kr-88	3.6
I-134	0.53	Xe-133	2.74×10^2
I-135	2.0	Xe-133m	3.0
Kr-85	4.7	Xe-135	6.0

（3）运行人员要在事故发生后 30min 内，制止一回路冷却剂从破口流入故障蒸汽发生

器，其中包括 5min 的停堆与启动安全注入系统，10min 用来判断事故的性质，15min 将故障蒸汽发生器进行隔离。

（4）反应堆停闭以后，当安全注入系统与流出的破口流量相等时，破口流量达到平衡值，约为 33kg/s。并且认为在故障蒸汽发生器隔离之前，此流量保持不变。

5.4.3　结果与讨论

蒸汽发生器单根传热管断裂不会引起反应堆冷却剂系统或者堆芯的损坏，甚至同时发生失去外电源的情况下，运行人员也可在 30min 时间内将故障蒸汽发生器隔离，但是，由于一回路冷却剂的泄漏，30min 内累计约有 66t 冷却剂进入故障蒸汽发生器的二次侧，成为厂内外污染的主要来源。由于裂变产物的可溶性和水解作用，大部分可留在水中，小部分组逸出水面，其中碘在汽相和液相之间会发生相当大的分离。达到两相平衡浓度时，碘在故障蒸汽发生器中的分离系数取十分之一，而在凝汽器中温度低，分离小，取万分之一。下面分别按有、无外电源两种情况，讨论厂外的剂量后果。

（1）有外电源时，夹带着挥发性放射性物质的蒸汽，通过旁路阀排入凝汽器，只有少量的放射性碘和惰性气体会从中逸出，进入安全壳，因此，厂外没有放射性物质的扩散，不可能污染周围环境。

（2）失去外电源时，夹带着挥发性放射性物质的蒸汽，通过故障蒸汽发生器的释放阀和安全阀向空排放，根据二回路冷却剂比放、蒸汽发生器泄漏量、碘的分离系数以及大气扩散因子算出厂区边界和低人口区的全身剂量（β 加 γ）与甲状腺剂量。

图 5-12 和图 5-13 分别表示了美国勇士号核电站（1200MW 级）根据上述假设，计算蒸汽发生器单根传热管断裂后，全身剂量和甲状腺剂量随时间与距离变化的关系曲线。从图上可以看出，这些剂量都不超过美国联邦法规 10CFR100 所规定的标准。

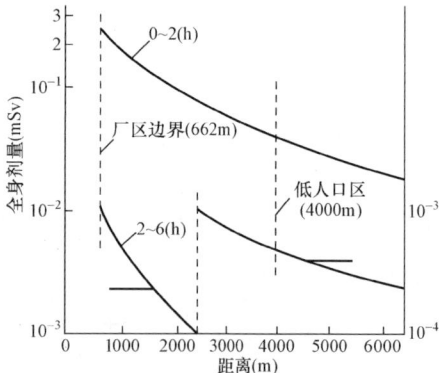

图 5-12　蒸汽发生器传热管断裂事故的全身剂量曲线

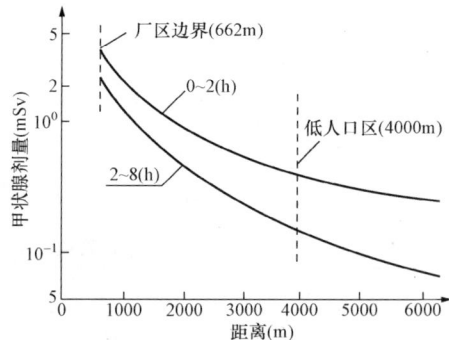

图 5-13　蒸汽发生器传热管断裂事故的甲状腺剂量曲线

5.5　蒸汽管道破裂事故

5.5.1　事故的描述

蒸汽管道出现小裂缝或者释放阀、安全阀漏汽时，二回路蒸汽的损失，增加了从一回路系统导出的热量，使冷却剂平均温度下降。当存在着慢化剂负温度系数时，冷却的结果引起反应堆功率的自动上升，以维持一、二回路系统之间的热量平衡。此时应降低汽轮机组负荷，以免反应堆因超功率保护而紧急停堆。此外，要尽早设法查明漏汽的原因及其部位，加以隔离，在一定条件下，如果破口刚巧发生在蒸汽发生器出口与快速截止阀之间的管段上，无法用局部隔离的办法时，只能停堆检修。

蒸汽管道大破裂或者大气排放阀、安全阀误动作，所产生的蒸汽流失大于破口当量直径 15cm 以上的漏量时，事故的过程大体可以分为下面两个阶段来描述：

第一阶段即蒸汽管道刚破裂、二回路蒸汽从破口大量流失，蒸汽流量迅猛增加，造成反应堆功率快速上升，以补偿二回路负荷的这种虚假增长。同时，由于一回路冷却剂平均温度的降低，稳压器内压力和水位也相应下降。其结果将导致反应堆因超功率保护或稳压器低压保护而紧急停堆，汽轮机组脱扣停机。

第二阶段即停堆、停机后，在主蒸汽管道隔离之前，蒸汽继续从破口流失，一回路冷却剂平均温度不断下降。由于压水堆具有负温度效应的内在特性，冷却剂温度的下降意味着堆内正反应性的持续引入，停堆深度逐渐减小，如果此时又遇上反应性价值最大的一根控制棒组件卡死在堆顶，那么就有可能使停闭后的反应堆重返临界，并且达到一定的功率。堆内通量分布还会出现严重的畸变，在局部功率峰值处的燃料棒包壳因过热而烧毁。

蒸汽管道发生大破裂事故后，为了能及时制止二回路蒸汽的大量流失、防止一回路冷却剂温度的急剧下降、维持反应堆的次临界度、确保最小烧毁比不低于 1.30，采取的具体措施如下所述。

（1）在蒸汽发生器出口管道上设有快速关闭截止阀，关闭时间小于 5s。当出现下列情况之一时，快速截止阀自动关闭，隔离蒸汽发生器的二次侧。

1）高蒸汽流量与低蒸汽压力信号相符合，或者高蒸汽流量与冷却剂低平均温度信号相符合；

2）安全壳高—高压力信号。

（2）反应堆安全保护系统，当出现下列情况之一时动作，紧急停堆。

1）反应堆功率达到超功率整定值或超温温差整定值；

2）安全注入系统启动。

（3）当出现下列情况之一时，安全注入系统启动。

1）稳压器低压力和低水位信号相符合；

2）各蒸汽管道之间有高压差；

3）任意两条蒸汽管道的高蒸汽流量和低蒸汽压力信号相符合，或者高蒸汽流量和冷却剂低—低平均温度相符合；

4）安全壳高压力信号。安全注入系统启动时，将硼注入箱中 7000mg/kg 的浓硼酸溶液，由反应堆冷却剂系统的冷段注入堆芯，抵消冷却剂温度下降所引入的正反应性，使反应堆有足够的停堆深度。

（4）隔离主给水系统。因为持续的二回路高给水流量将造成一回路系统冷却剂的过度冷却，所以安全注入信号快速关闭所有主给水控制阀，使主给水泵停止运行，并关闭主给水泵出口阀。

此外，每条蒸汽管道上的隔离阀在事故发生后 10s 内安全关闭。对于隔离阀下游管道的破裂，只要关闭所有隔离阀就可终止蒸汽的外流。即使有一个隔离阀关闭失效，蒸汽管道破裂无论发生在什么位置上，也不会有多于一台蒸汽发生器中出现蒸汽的外流。并且，安装在蒸汽发生器出口的限流喷嘴，由于直径远小于蒸汽管道，起着限制该蒸汽发生器所在管道发生破裂时的最大蒸汽排放量。

5.5.2 分析的方法

分析蒸汽管道破裂事故时，应考虑最不利的情况。

（1）事故发生在热态零功率工况下，此时二回路蒸汽压力最高，所以蒸汽流失率最大。

（2）反应堆运行在寿期末的平衡氙毒工况，慢化剂负温度系数最大，并且又假定反应性最大的一根控制棒组件卡死在堆顶，这样使得事故后的过渡过程中，堆内正反应性增加、重返临界的可能性更大。

（3）安全注入系统出现最严重的单项故障，使得注入 $7000mg/kg$ 浓硼酸溶液的能力最小，即只相当于一台泵的流量。并且，从事故发生到 $7000mg/kg$ 浓硼酸溶液注入各环路的冷段又有一段时间延迟。其中包括：安全注入信号的产生；相应的阀门打开；高压安全注入泵启动以及将安全注入系统管道中原有的 $2000mg/kg$ 硼水清除等所需的时间。如果遇上失去外电源，还要加上柴油发电机启动、安全注入系统设备供上事故电源的延迟时间。

（4）利用 Moody 曲线来计算管道破裂时的蒸汽流量。

（5）在过渡过程中，认为蒸汽发生器内汽-水是完全分离的，但实际情况是排放蒸汽中夹带着相当数量的水分。因此，按全部蒸汽计算堆芯降温速率和安全壳压力增加，显然是偏高的。

根据上述假设，对电站初始条件与管道破裂的以下四种组合情况，计算过渡过程中堆芯热流密度、冷却剂平均温度、冷却剂压力的变化，并由此来确定堆芯是否会发生烧毁现象。

1）热态零功率、有外电源、冷却剂满流量时，安全壳外蒸汽管道完全断裂；
2）热态零功率、有外电源、冷却剂满流量时，安全壳内蒸汽管道完全断裂；
3）同情况 A，但失去外电源（冷却剂泵停转），同时开始出现安全注入信号；
4）同情况 B，但失去外电源（冷却剂泵停转），同时开始出现安全注入信号。

下面以 A 和 C 两种蒸汽管道破裂情况为例，加以讨论。

5.5.3 结果与讨论

图 5-14 表示蒸汽管道断裂情况 A，冷却剂系统过渡过程和堆内热流密度变化曲线，从图上可以得出以下结论。

（1）反应堆停闭后，由于二回路蒸汽的大量流失，冷却剂平均温度不断下降，慢化剂负温度效应的作用，次临界度逐渐减小，大约在 29s 反应堆又重新恢复临界。

（2）$7000mg/kg$ 浓硼酸溶液在事故发生后，大约 45s 才到达各环路。45s 的延迟时间包括：接收和发出安全注入信号 4s、打开安全注入管道上阀门 10s、清除安全注入管道中留有的 $2000mg/kg$ 硼水 31s。

（3）$7000mg/kg$ 浓硼酸溶液在环路内与一回路系统冷却剂混合后再进入堆芯，混合后的硼水浓度与安全注入系统流量、冷却剂系统流量有关。并且，考虑了水密度变化引起的冷却剂流量变化，以及冷却剂系统压力变化引起的安全注入系统流量变化。

（4）事故发生后，由于快速截止阀能在几秒钟内关闭，使蒸汽从破口的释放量相应地急剧下降。

（5）过渡过程中，堆芯功率峰值的热流密度约为额定值的 7.2%。

图 5-15 表示蒸汽管道断裂情况 C，冷却剂系统过渡过程和堆内热流密度变化曲线，与情况 A 相比，由于失去了外电源，因而有以下一些主要区别：

（1）冷却剂泵惰转，一回路流量减少，冷却剂平均温度下降速率变慢，使得反应堆重返临界的时间推迟。

（2）柴油发电机组启动，安全注入泵投入运行，7000mg/kg 浓硼酸溶液注入堆芯的延迟时间更长。

（3）由于反应堆功率上升速度变慢，功率峰值的热流密度较低，约为额定值的 6%。

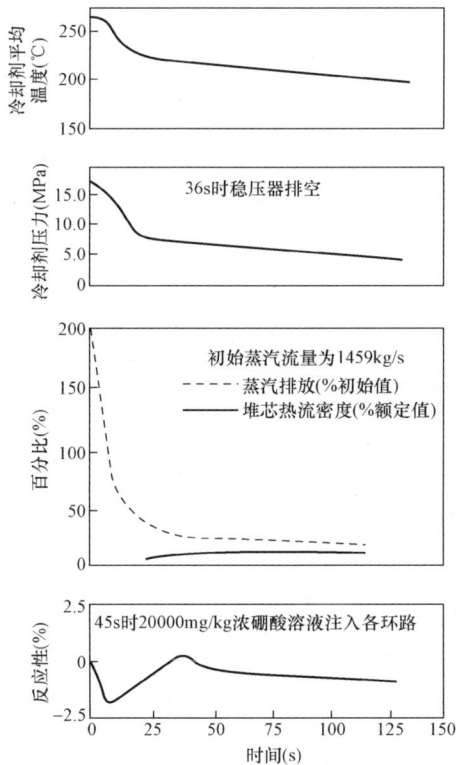

图 5-14　有外电源时，蒸汽管道断裂　　　图 5-15　失去外电源时，蒸汽管道断裂
　　　　　事故的过渡过程　　　　　　　　　　　　事故的过渡过程

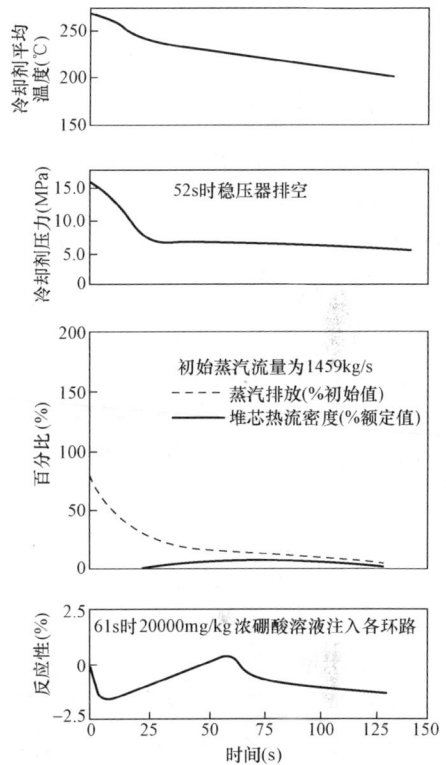

最后应该指出，在一般情况下，蒸汽管道断裂事故是不会引起放射性物质向周围环境的扩散，除非在事故发生前蒸汽发生器传热管有破损。释放出来的放射性物质应该包括：蒸汽管道断裂之前，一回路冷却剂漏入蒸汽发生器二次侧的放射性物质；以及蒸汽管道断裂后到压力降至大气压，一回路系统连续泄漏出来的放射性物质，但其剂量是相当小的，远远低于美国联邦法规 10CRF100 规定的数值。

5.6　失　水　事　故

失水事故是在一回路压力边界有较大的破口，反应堆冷却剂从破口流失，当一回路水的补充能力不足以弥补漏流时，使堆芯逐渐失去冷却，导致燃料棒烧毁的事故。这种破口可能是由于一回路主管道，或者与它相连的辅助系统管道在隔离阀前一段上发生破裂。也可能是由于安装在高压系统上的设备（如阀门）故障而引起，1979 年 3 月美国三里岛核电厂事故就属于后者。

　　失水事故按破口的大小，可以分为三类（见表 5-3），下面对这三种不同等级的失水事故进行分析。

表 5-3　　　　　　　　　　　　　失 水 事 故 等 级 分 类

破口当量直径（cm）	<1.6	1.6~16	>16
等级	小	中	大

5.6.1　事故的描述

一、小破口失水事故

　　一回路系统出现小破口失水事故时，堆内冷却剂的流失量十分缓慢，可以由化学和容积控制系统自动调整上充下泄流量进行补偿，并投入第二台上充泵，维持稳压器水位，无须启用安全注射系统。但是，由于冷却剂正在不断地从一回路系统向外流失，它所含有的裂变产物将释放到安全壳中，污染厂房。因此，必须及早查明原因和泄漏部位，迅速采取相应措施。为了安全起见，核电厂可按正常程序停止运行。

　　补水系统能够维持住稳压器水位的最大破口尺寸条件，是上充泵的补充流量与冷却剂从破口中流失的流量相等。例如一台离心式上充泵能补偿大约相当于 0.95cm 大小破口的流量。

二、中等破口失水事故

　　发生中等破口失水事故时，补水能力已不足以弥补冷却剂从破口的流失，一回路系统压力下降，使稳压器中的水流向冷却剂系统，造成稳压器压力和水位同时降低（如果压力下降较快时，由于堆内冷却剂大量汽化会发生水位的虚假上升）。并且，一回路系统高温高压水喷出、迅速汽化，使安全壳内压力逐渐上升。当稳压器压力达到低压整定值或安全壳出现高压信号后，反应堆紧急停闭。当稳压器低压力和低水位信号相符合时，安全注射系统启动，高压注射泵将换料水箱中 2400mg/kg 的硼水从冷却剂系统的热段和冷段同时注入堆芯（有的压水堆核电厂设计，是单从冷段注入，到再循环阶段，再与热段同时注入。现在新的设计，有采用从堆顶注入的方法）。与此同时，关闭给水管道隔离阀来停止正常给水，由辅助给水泵提供二回路给水。蒸汽发生器内产生的蒸汽通过旁路阀排入凝汽器，在失去外电源时，蒸汽经释放阀和安全阀排向大气。一回路系统压力低于 4.7MPa 时，蓄压注射系统启动，把蓄压箱内 2400mg/kg 的硼水注入堆芯，以防止包壳温度过高。

三、大破口失水事故

　　当一回路管道发生大破裂，特别是在冷却剂泵出口和压力容器进口之间管道完全断裂时，事故的发展过程就更为迅速。1s 内稳压器压力降到整定值，反应堆紧急停闭并启动安全注射系统，堆内冷却剂大量汽化，蒸汽替代了液体，空泡所产生的反应性负效应增加了停堆深度。10s 内一回路系统压力降到 4.7MPa，在安全注射泵投入之前，蓄压注射系统首先启动，蓄压箱内 2400mg/kg 的硼水注入堆芯。当它从燃料棒底部上升到活性区时，受到加热而开始沸腾。随着水位的上升，水滴和蒸汽混合物将对水位以上的燃料棒表面进行有效的冷却。蓄压箱要有足够的储水容量，在低压注射泵投入之前，保持堆内有一定的水位高度。一回路系统压力降到 0.7MPa 时，低压注射泵投入运行，与高压注射泵一起向堆芯注入换料水箱中 2400mg/kg 的硼水。经过一定时间后，换料水箱中的硼水下降到发出低水位报警时，安全注射系统由直接注入向再循环工况过渡，改从地坑汲水。此时，如果一回路系统压力仍然比较高，可继续开动高压注射泵，或者打开低压注射泵和高压注射泵之间的串联的阀门量汲取由喷淋和低压注射泵唧送过来的、并经停堆冷却热交换器冷却的地坑水。若一回路系统压力已经较低，就可关闭高压注射泵，由低压注射泵向堆芯注水，这个再循环过程持续到堆芯完全冷却为止。

根据三种不同破口失水事故的基本特点，采取如下保护措施。

（1）反应堆遇下列情况之一时，紧急停闭：①稳压器中出现低压信号（采用三取二逻辑）；②安全壳中出现高压信号（采用三取二逻辑）。设计上确保堆内构件不会因失水所引起的变形而妨碍紧急停堆功能的正常实现。

（2）当稳压器低压力和低水位信号相符合（采用三取二逻辑），或安全壳内压力高时，安全注射系统启动。

（3）安全壳遇下列情况之一时隔离：①安全壳中出现压力高信号；②安全壳中出现放射性水平高信号；③稳压器中出现压力低信号。

（4）当安全壳中发出高—高压力信号（采用三取二逻辑）时，安全壳喷淋系统动作，自动打开喷淋隔离阀，由喷淋泵将氢氧化钠和换料水箱中的 2400mg/kg 的硼水，以一定的比例混合后喷淋到安全壳内，使释放到安全壳的蒸汽得到凝结，起着抑制安全壳压力作用，同时也可部分地除去气相的碘。当安全壳地坑水位达到一定值，换料水箱发生低水位报警信号后，切换到从地坑汲水进行再循环，直至安全壳压力降到常压为止。

（5）当稳压器压力低信号和一回路冷却剂平均温度低信号同时出现，或当安全注射信号出现后，将切断蒸汽发生器正常给水，而使辅助给水系统启动。

事故发生后，操纵员应根据事故的工况，采用相应的事故处理规程，对事故作出正确的诊断，或在事故后期进行一些必要的操作，使机组过渡到安全状态。

5.6.2 分析的方法

对于失水事故的后果分析，作了几点假设。

（1）事故发生前，电站处于满功率稳定工况运行。管道破裂发生后，紧急停堆，剩余发热，堆内构件和压力壳中显热继续传给一回路系统。一回路系统和二回路之间热传递的方向，由两者之间的相对温度决定。

（2）破口发生在冷管段，即在冷却剂泵出口到压力容器进口之间管道上，从热工水力学角度，这是属于最坏的一种破裂位置。

（3）反应堆紧急停闭的延迟时间，是稳压器压力降到低整定值的时间，再加上保护信号发出到控制棒组件下插的时间。

（4）二回路系统的传热，只在蒸汽发生器壳侧水位以下传热管中进行。

（5）事故给水流量只有一台事故给水泵在运行，即相当总设计流量的 50%。

（6）安全注入流量是一回路系统压力的函数。

（7）失去外电源，冷却剂泵惰转，以及停转后由于汽化效应，使堆内冷却剂流量进一步减少，传热条件恶化。

（8）从破裂发生即喷射阶段开始，到安全壳内压力与一回路系统压力相等的时间作为喷射结束时间。

（9）在发生大破裂情况下，喷射阶段开始时，一回路冷却剂还有一定的过冷度，靠强迫循环带走堆芯热量。但 0.1s 后，出现了偏离泡核沸腾，使堆芯传热变得很不稳定，即既有泡核沸腾又有膜态沸腾。当堆芯露出水面时，由蒸汽湍流流和层流形成的强迫对流成为堆芯传热的唯一机理。

在上述的假设条件下，对当量直径为 6.35、7.62、8.8、10.18 和 15.25cm 的 5 种中等破口尺寸，计算事故后冷却剂系统压降的响应过程、破口流量、热焓以及燃料和包壳的峰值温度。对 5 种类型大破口，利用反应堆动力学和喷射水力学，计算燃料温度、包壳温度、锆—水反应释放的能量。在喷射阶段结束后，利用再淹没模型计算包壳和冷却剂之间的传热系数与离开堆芯的两相质量流量。

5.6.3　结果与讨论

一、中等破口失水事故

有代表性的 5 种当量直径中等破口失水事故，冷却剂系统压降的响应过程在图 5-16 中示出，根据事故发生后，堆芯露出的程度，当量直径为 7.62cm 是属于最坏的一种破口。在这种情况下，一方面高压注射泵补偿不了从破口流失的流量，使堆内水位逐渐下降；另一方面冷却剂系统压力下降又比较缓慢，降到 4.7MPa 蓄压箱动作之前，堆芯局部已经露出水面，不能被汽—水所浸没（见图 5-16）。从图 5-16 可以得出以下结论。

（1）大约 600s 后，水位降到低于堆芯顶部，但由于堆芯下部产生的蒸汽上升，对上部区域能提供一定的冷却。并且，只要堆芯仍然被汽—水两相混合物所浸没，则燃料棒和包壳的温度基本上与冷却剂温度相同。

（2）随着堆内热量的不断带出、蒸汽流量逐渐下降（见图 5-17），1000s 以后汽—水混合物液面降低，堆芯开始露出，冷却条件恶化，包壳温度急剧上升。

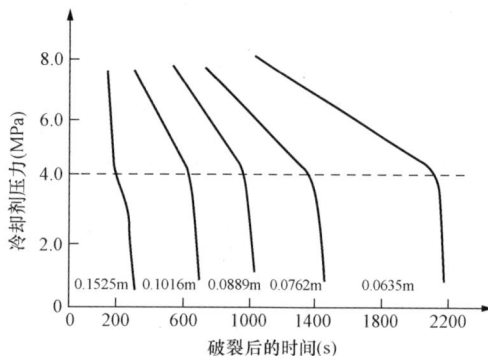

图 5-16　5 种不同破口尺寸冷却剂系统压降

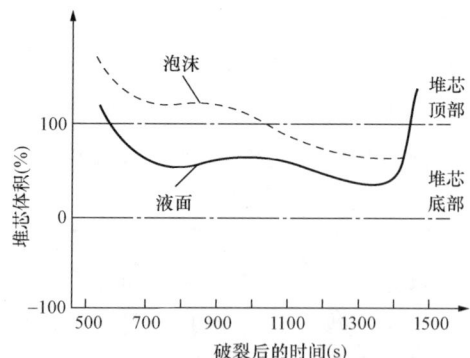

图 5-17　最坏破口时冷却剂系统
体积变化的响应过程

（3）大约 1400s 时冷却剂压力降到 4.7MPa，蓄压箱动作，箱内 2400mg/kg 的硼水注入堆芯，从而制止了包壳温度的进一步提高。在堆芯未被浸没的过渡过程中，包壳峰值温度高达 965℃（见图 5-19）。

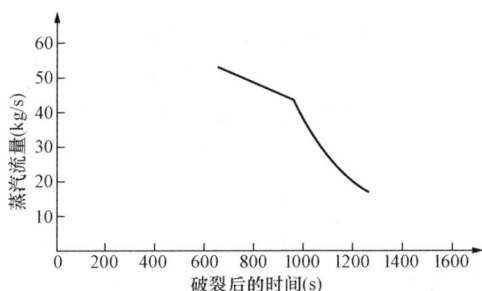

图 5-18　最坏破口时堆芯蒸汽流量变化率

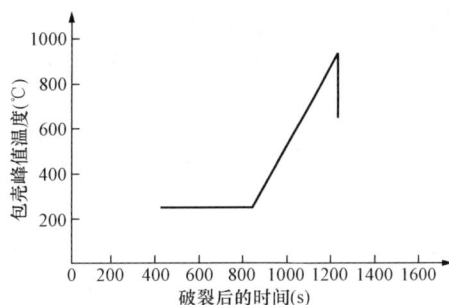

图 5-19　最坏破口时包壳峰值温度随时间变化曲线

二、大破口失水事故

对于大破口失水事故，五种类型大破口失水事故的主要计算结果见表 5-4。从表上可以看出，热段双端剪切断裂时包壳峰值温度最低、锆—水反应率最小，原因是：

（1）在热段双端剪切断裂的注入过程中无逆流，流量是逐渐衰减的，这对堆芯提供了一个较好的传热条件；

（2）如破口发生在冷段，安注箱注水和高压注入泵注入流量的一部分直接从破口流失，但当破口发生在热段时，流量先经堆芯，然后再从破口流入安全壳；

（3）在再淹没过程中，堆内产生的蒸汽直接经热段破口排入安全壳，消除了蒸汽的约束作用，因此，热段破口在再淹没期间的传热性能比冷段破口要好。

表 5-4　　　　　　　　　　　　　5 种类型大破口失水事故主要结果

项　　　目	破　口　类　型				
	e	a	b	c	d
紧急停堆信号（s）	0.53	0.54	0.56	0.68	0.5
安全注射信号（s）	1.0	1.0	2.0	6.0	1.0
蓄压箱注入（s）	8.4	11.0	15.2	106.0	9.6
喷射结束（s）	18.3	23.1	32	140.0	17.8
堆芯底部露出（s）	32	37	46	171	24.4
蓄压箱排空（s）	41	44	50	146	40.4
低压注射泵投入（s）	25	25	32	140	25
包壳峰值温度（℃）	1096	1074	1010	902	835
锆—水反应（%）	3.2	2.8	1.8	0.7	0.3

注　a—冷段断开；b—冷段破裂 60%；c—0.279m² 冷段破裂；d—0.046m² 冷段破裂；e—热段断开。

大破口失水事故分析的关键是在反应堆停闭后，冷却能力是否足以除去储存在燃料内的余热和裂变产物衰变热，使包壳温度不超过安全极限值，即 1204℃，尤其要防止由于锆—水反应产生大量的热量和氢气，引起安全壳爆破，放射性物质外逸。图 5-20 是在假定安全壳绝热的、只有一台喷淋泵工作、地坑水与安全壳内蒸汽之间无热量交换的最保守条件下，冷段断开时安全壳压力的瞬态特性。事故发生后，释放到安全壳中的汽—水混合物的能量来自于以下几个阶段。

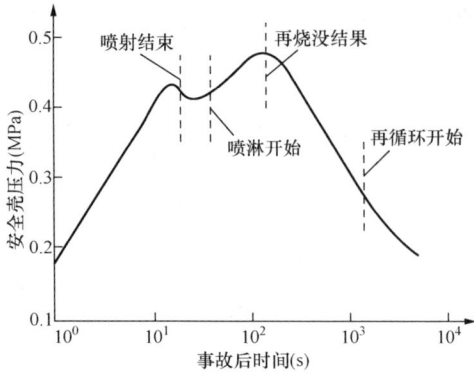

图 5-20 冷段断开时安全壳压力瞬态特性

1）喷射阶段。这阶段主要是堆芯余热的大部分和堆内构件显热的一部分，使安全壳压力迅速上升，大约在事故发生后的 18s，出现第一个压力峰值约 0.42MPa。喷出的高温蒸汽，遇到安全壳壁被冷凝，使压力有所下降。

2）再淹没阶段。这阶段除了堆芯余热和堆内构件的显热这两部分能量继续释放外，还有蒸汽发生器二次侧热量以及锆—水（包壳温度超过 1000℃时反应比较明显）所产生的热量，使安全壳压力有所回升。但是由于喷淋系统开始投入运行，不断地凝结安全壳内的蒸汽，从而限制了压力上升的幅度，到大约 134s 再淹没结束时，出现第二个压力峰值约 0.48MPa。

3）再循环工况阶段在大约 1800s 以后，安全注射系统由直接注入进入再循环工况，进一步降低在喷射阶段和再淹没阶段释放到安全壳中的能量。由于喷淋系统的持续冷却，经过 2200s 安全壳恢复常压。

可见，即使在最坏的假定条件下，安全壳的压力峰值仍小于设计值 0.5MPa，所以不会引起安全壳的爆破。然后，根据安全壳允许的每天最大泄漏量为容积的 0.1%，计算厂外最大可能剂量。

从以上讨论可知，对于失水事故的各种破口，一直到冷段断开，安全注射系统能满足堆芯冷却的要求，将包壳温度限制在熔点温度之下，保证堆芯维持原有的几何形状，基本上没有损坏。中等破口由高压注射泵和蓄压箱相结合来保持堆芯的充水；更大的破口由蓄压箱和低压注射泵提供所需的保护。而且，安全壳能承受任何破口情况下的压力冲击，保持完整性；通过喷淋系统带出热量，可使安全壳在 1h 内恢复常压。

表 5-5 是美国北安纳核电站（900MW 级）冷段断开外最大可能剂量的计算结果。从表中看出，离安全壳 1700m 处，1h 累计甲状腺剂量是 33.2rem，而全身辐照剂量一个月内是 1.3rem，都远低于美国联邦法规 10CFR100 所规定的标准。美国的三里岛事故，进一步证实了安全注入系统对于抑制事故发展和防止堆芯熔化所起的重要作用。

表 5-5 冷段断开厂外最大可能剂量

距离（m）	辐照时间（h）	甲状腺剂量（rem）	全身剂量（rem）
1300	1 2	44.2	1.6
1700	1 744	33.2	1.3

5.7 其 他 事 故

表 5-6 简要介绍压水堆核电站运行中的其他一些事故。

表 5-6　　　　　　　　　　　　　　　　压水堆核电站运行事故简介

名　　称	描　　述	结　　果
控制棒组件落棒事故	反应堆正常运行时，由于控制棒驱动机构电源发生故障，控制棒组件因重力作用下落，如果此时汽轮机负荷不降低，或者调节棒组 D 自动提升，会造成更大的功率分布不均匀	事故后，汽轮机会自动减负荷，与堆功率匹配，因此，烧毁比不会小于 1.30
硼失控稀释	压水堆在换料、启动和功率运行期间，由于误操作、设备故障或补给水控制系统失灵引起一回路硼浓度失控稀释	运行人员根据堆内检测系统发生的报警信号，可以判断事故的原因，并且有足够的时间切断稀释水源，必要时还可作加硼处理。因而不可能危及堆芯安全
给水温度降低事故	由于给水控制系统误动作（包括误操作），使进入蒸汽发生器的给水温度突然下降，如果此时汽轮机负荷不变，给水过冷度的增加意味着二回路从一回路带走更多的热量，使冷却剂平均温度降低，功率上升，反应堆因超功率或超温温差保护而紧急停堆	不会引起堆芯的危险
负荷增加事故	压水堆正常运行时，由于运行人员过分加载，蒸汽排放控制系统或汽轮机调速系统误动作，蒸汽流量迅速增加，超出了反应堆控制系统设计所能承受的 10% 阶跃负荷变化，或每分钟 5% 连续负荷变化，反应堆因超功率或超温温差保护而紧急停闭	无论在寿期的开始还是末期，在负荷过分增加的过渡过程中，最小烧毁比都不会低于 1.30
燃料组件误装载	燃料件误装载包括： (1) 堆芯三个不同区域内的燃料组件位置互换； (2) 燃料棒中二氧化铀芯块浓缩度误差超过允许值； (3) 可燃毒物组件装错位置。 燃料组件误装载，使功率分布曲线与理论计算值有较大的偏离。一般在堆芯寿期初，就能由堆内探测器测出，也可由放置在燃料组件出口处热电偶测得的冷却剂焓升过高来证实	如果功率分布偏差不超过设计允许值，电站仍可保持正常运行，否则应降功率运行
一台冷却剂泵转子卡死	由于机械故障，一台冷却剂泵转子瞬时卡死，该环路中流量迅速下降，低流量保护动作紧急停堆。 停堆以后，堆内余热继续传给冷却剂，引起冷却剂体积膨胀，由于流量降低引起蒸汽发生器管侧膜态传热系数下降，以及一、二次之间的温差减小，其结果是一回路热量传不出去，压力升高，压力控制系统按次序先后启动稳压器喷雾器，打开或安全阀	过渡过程中所能达到的一回路系统压力峰值不会超过极限值，热点处包壳表面温度低于 1204℃，锆-水反应量较小；堆芯保持原状，但由于部分元件烧毁比小于 1.30，包壳可能会破损，释放裂变产物
燃料操作事故	反应堆在装卸料过程中，有各种连锁保护和安全措施，但仍有一定的几率发生各种燃料操作事故，特别是当乏燃料组件由于装卸料机抓取机构的故障而跌落时，会造成该组件内燃料棒的损伤和断裂，将有相当多的裂变产物释出。 为了估算最坏情况下的放射性产物释放量，假设： (1) 事故发生在停堆后 100h，卸出第一根燃料组件时； (2) 跌落的是从堆芯最高功率水平区取出的燃料组件； (3) 跌落的燃料组件中全部燃料棒破断，燃料芯块与包壳间隙内分存着的裂变产份全部释放在乏燃料池中； (4) 由于卤素的可熔性和水解作用，乏燃料池中将保留间隙中卤素元素放射性的大部分，其余部分和惰性气体将逸出水面，扩散到周围空气中	从美国北安纳核电站计算结果表明：核电站外的全身剂量约为 3.4rem，甲状腺剂量约为 70rem。这两个数值都低于美国联邦法规 10CFR100 中规定值

名　　称	描　　述	结　　果
弹棒事故	弹棒事故是反应堆失去冷却剂（失水事故）和增加反应性（提棒事故）两种效应的综合。但是与一回路管道断裂相比，通过破口的流失量要小得多，所以事故可能引起的后果如下： （1）功率骤增，但受到多普勒效应的抑制，并由超功率保护而紧急停堆； （2）冷却剂流失，堆芯传热条件恶化，导致局部包壳的损坏，损坏的程度取决于弹出棒反应性价值以及由此引起的堆内功率峰值大小； （3）由于反应堆功率增加，一回路系统压力升高。压力升高的速度受到冷却剂从压力容器顶部破口的泄漏和稳压器安压阀作用的限制	正常运行时，只有调节棒组 D 稍微插入堆芯，这就限制了弹出棒的反应性价值

5.8　超设计基准事故的防止和缓解

5.8.1　事故的描述

超设计基准事故将使堆芯遭到严重损坏和熔化，甚至安全壳也有可能损坏的一种严重事故，它会导致放射性物质大量释放到环境。在世界上 10000 多堆·a 的核电厂运行历史中，已经发生了两起严重事故。1979 年 3 月 28 日三里岛（TMI-2）核电厂事故，大约 40% 堆芯熔化，由于安全壳保持了完整性，只有极少量气态碘和惰性气体释放，无人员死亡。1986 年 4 月 26 日切尔诺贝利（Chernobyl-4）核电厂事故，堆芯全部破坏，房顶被炸飞，导致大量放射性物质释放到大气中，即发死亡 31 人。这两起事故使得发生严重事故的几率达到 4×10^{-4}/（堆·a），比起早先设想的几率要大得多。

核电厂的运行实践已经证明，单纯考虑设计基准事故，不考虑严重事故的防止和缓解，不足以确保工作人员、公众和环境的安全。但是，由于现有核电厂设计、建造和运行都贯彻了纵深防御的安全原则，留有相当的安全裕度。因此，只要充分发挥现有安全设施（保护系统、专设安全设施、安全壳系统）的作用，就可降低严重事故的发生几率，防止或缓解其严重后果。

5.8.2　事故的防止和缓解

（1）保持安全壳的完整性。所有的事故分析均表明：在发生假想的严重事故时，只要安全壳保持完整性，向环境释放的放射性物质就极少，对公众和环境不会造成危害。因此，保持安全壳的完整性是缓解严重事故后果的最有效的措施。

安全壳可以因超压、超温和贯穿件损坏而失去气密性或完整性，也可以因旁路或隔离失效而连通外部大气。在核电厂设计和运行中对保持安全壳的完整性提出以下要求。

1）要求安全壳早期损坏的几率极低，即实际上不发生。早期损坏指反应堆一回路压力边界破裂后几小时安全壳损坏，此时，放射性物质从核燃料内释放与安全壳损坏同时发生。因此，要对能导致早期失效的事故序列采取措施，来降低损坏几率。对于安全壳晚期损坏的事故，即一回路压力边界破裂后几天安全壳才损坏的事故序列也要加以分析。

2）改进安全壳的专设安全设施。安全壳喷淋系统应可靠地工作，用于事故时降温减压和沉降放射性核素。应有氢复合器或氢燃烧器，以消除氢爆引起过压的危险。要有防止氢气局部聚集的搅混措施。应有过滤泄压系统用以吸附放射性核素并向外泄压，以防止整体超压损坏，如果不设过滤泄压系统，必须论证晚期超压不可能发生，或几率极低。

3）安全壳的泄漏率。现有的安全壳的允许（质量）泄漏率是按设计基准事故来设计的，规定为 0.1～0.5Wt%/d。对于特定的核电厂设计，只要充分分析出最大源项，并按此来计算公众的风险，安全壳的设计泄漏率可以放宽，但建议最大不超过 1Wt%/d，而且要保证在安全壳最大载荷压力下，所有贯穿件和气闸门不会损坏。

（2）事故处置。事故处置是指阻止故障发展为事故，或限制事故时放射性物质释放至环境而采取的措施。

1）制订和执行紧急运行规程。紧急运行规程应是核电厂规程体系中的重要组成部分，是针对各种事故序列而制定的。包括设计基准事故和严重事故。目前，紧急运行规程已从单一事件的定向规程，发展成具有诊断功能的状态规程。规程的格式从单一的文字说明式发展成步骤表格式、流程图式、方块图式和逻辑式等多种形式。紧急运行规程要经过验证后，执行使用。

2）提高核电厂运行人员的安全素养，加强安全意识，认真实行对事故处置的培训和再培训计划。

3）增设支持性仪表设备和改进诊断设施。对付严重事故的支持性设备包括额外的应急电源，水源，附加的泄压过滤系统；在严重事故环境下能正常工作的测量仪表等；设立专门的安全控制盘，提高对事故诊断能力以代替复杂繁多的信号和防止人为错误诊断。

第 6 章 压水堆核电厂的运行管理

在压水堆核电厂的运行中，应该把对燃料元件的管理放在重要位置上，其次，是水质的管理。

（1）在各种工况中，为了保持燃料包壳的完整性，一回路的功率、压力、温度等的变化率，以及堆芯轴向中子通量差值，应保持在燃料棒设计要求所规定的安全范围内。

1）最大线功率密度不超过规定值，如有些压水堆要求不超过 692W/cm（约为初始额定功率的 118%，额定功率时相当于 581W/cm），这个上限值保证了即使发生一回路失水事故，二氧化铀芯块的中心也到不了熔化温度。

2）在所有的过渡工况和事故情况中，应保证烧毁比 DNBR（临界热流密度与燃料包壳局部热流密度的比值）大于 1.30，以防止包壳表面热流密度超过临界值而达到膜态沸腾，在失水事故时锆合金和水反应量不得超过锆合金总质量的 1%。

3）在正常运行条件下，保证堆芯中功率分布尽可能地均匀。

（2）为了达到上述要求，在压水堆运行时，应利用堆外、堆芯内检测系统，监视堆的功率水平和功率分布，如：

1）在稳定工况时，定期地将中子探测器从压力容器底部引入部分燃料组件的导向管中，测出中子通量的空间分布，计算出随温度而变的轴向峰值功率，同时得到热通道因子 F_q^T；

2）利用放在部分燃料组件出口处热电偶的连续检测，可测得这些燃料组件出口温度（热端）和入口温度（冷端）之差，以确定堆芯焓升分布，可监督烧毁比数值，防止发生膜态沸腾；

3）由控制棒组件或化学和容积控制系统所引入的总的负反应性速度，被限制在一定的定值，保证对热通道因子 F_q^T 和烧毁比的规定条件能得到满足；

4）从中子通量空间分布计算出燃耗量，并根据负荷要求，拟定最佳换料方案。

压水堆从装料到停堆换料，单位质量燃料所发出的平均热量称为燃耗深度，用 MW·d/tU 表示。在运行中，燃耗深度愈大，则核燃料的利用愈经济。在运行后期，为了延长反应堆工作寿期，提高核电厂的经济性，可采取降功率的运行方式，继续发电，以适应电网调度的需要，降温后，由于负温度效应可释放出一部分反应性，降功率后使多普勒效应及平衡氙毒都减小，也可释放一部分反应性，这样就可使 k_{eff} 值加大，多运行一段时间。

6.1 燃料元件破损的检测

新燃料组件在接受贮存前，要在现场进行外观检查，确认在运输过程中，燃料组件未受损伤。当燃料组件运输容器开箱时，应注意运输容器外表面有无异常，检查容器内的加压状态和密封的记录，并测定容器表面的放射性剂量率，确认无危险性。尽管对燃料组件的制造、运输、储存以及装换料操作有各种严格的规定，以确保燃料元件包壳的良好密封性，实际运行中还是会有极少数燃料元件包壳发生破损。对燃料元件包壳的允许破损率设计规定为 1％。燃料元件是否有破损需要在压水堆运行过程中加以监测。如果要具体确定哪一根燃料元件有破损，则需要在停堆后取出逐个检定。所使用的监测方法，主要有：一回路水的 β、γ 总放射性测量；缓发中子法；啜漏试验。

6.1.1　一回路水的 β、γ 总放射性测量

当燃料元件破损时，裂变产物泄漏到冷却剂中，因此，测定冷却剂的 β 或 γ 放射性有否显著增加，就可发现燃料元件破损。对冷却剂水的放射性的测量可以通过反应堆取样系统定时取样，在实验室里作详细分析。测定时，应注意到冷却剂自身的放射性及本底的影响。为此，取样后至少应等待几分钟，让半衰期短的 ^{16}N（半衰期 7.25s）衰变掉，然后送到实验室，一般还将水样经蒸发浓缩后用 β 或 γ 法测量。β 法是测量裂变产物的放射性，γ 法同时测量裂变产物及腐蚀产物的放射性，而以测 β 总放射性法较为灵敏，有时为了进一步确定元件是否破损，还需测量水中是否有裂变产物 ^{131}I 或 ^{137}Cs，或某些裂变产物同位素的比例关系。一般当反应堆稳态运行时，每天测定一次；若有瞬变工况时，每半小时测定一次。这个方法因裂变产物的 β、γ 放射性强、半衰期较长，因此测量装置简单，即使在反应堆停闭时，也仍然有效。

为了更好地检测和跟踪冷却剂放射性的变化，并在冷却剂放射性水平有变化时及时对运行人员作出报警，必须对冷却剂的 γ 放射性进行连续的检测。为此，可将放射性探测器安置在接近化学和容积控制系统下泄管线外（在过滤器和除盐离子交换器之间），对整个容积的放射性进行连续的相对测量，并可与取样分析的放射性结果相比较。测点的选择应注意减少 ^{16}N 的影响。并应加以屏蔽，以降低本底。

6.1.2　缓发中子法

当燃料元件包壳破损，冷却剂因裂变产物的释放而引起放射性水平增加时，裂变碎片中 ^{87}Br、^{137}I 将分别以 55s、24s 的半衰期衰变而放出缓发中子，即

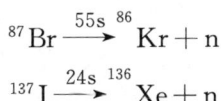

$$^{87}\text{Br} \xrightarrow{55s} {}^{86}\text{Kr} + n$$

$$^{137}\text{I} \xrightarrow{24s} {}^{136}\text{Xe} + n$$

因此，测量 ^{87}Br、^{137}I 放出的缓发中子，就可以监测元件的破损。监测点取在蒸汽发生器与冷却剂泵之间，缓发中子的平均能量在 200 到 400keV 之间，可采用热中子探测器 BF_3 计数管或裂变电离室，外包石蜡等慢化材料，来测定缓发中子，通常测量点离堆芯需让冷却剂流过时有 80s 的行程，这样，^{87}Br、^{137}I 等裂变碎片已衰变，冷却剂内的氧（^{18}O）俘获中子而形成的氮（^{16}N）半衰期更短也已衰变完，但是，由于能测到的中子通量很弱，接近于 $1\text{n/(cm}^2 \cdot \text{s)}$，必须加强对中子探测器和仪表周围的屏蔽。

缓发中子法可以对压水堆实现连续监督，若在每个环路上各装一套监督探测器和仪表，还可以确定破损元件大致发生在堆芯内哪个区域。

上述方法都是在运行中取冷却剂进行检测的。在实际运行中，由于元件破损率难以定量测定，因此，现在有的反应堆中已不用破损率这一概念，而采用一回路水的放射性水平（其中有一部分系腐蚀产物的贡献）作为衡量标准。例如，目前美国限制一回路水放射性小于

7.4×10^{12} Bq/m³，法国安全委员会规定，当压水堆一回路水放射性达到 1.85×10^{12} Bq/m³ 时，即需停堆。

6.1.3　啜漏试验

在反应堆停闭（计划停闭或事故停闭）以后，燃料组件移送至乏燃料水池，可以用啜漏试验来具体确定哪个燃料组件发生了破损。

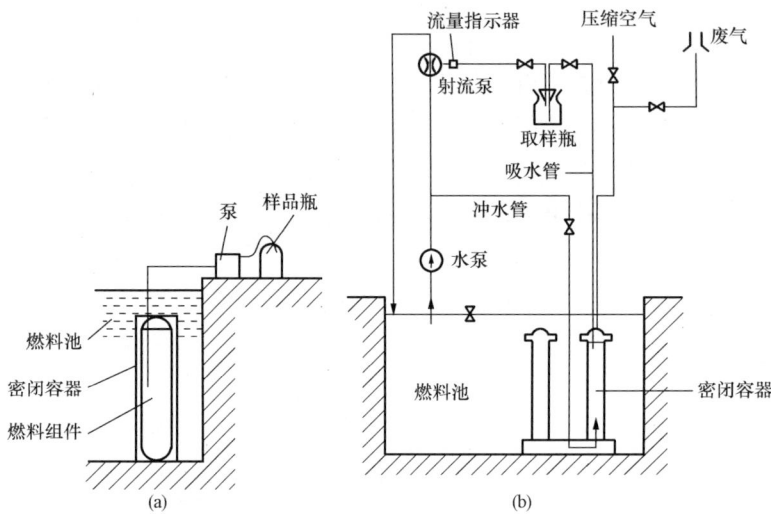

图 6-1　啜漏试验
（a）干法；（b）湿法

啜漏试验有干法和湿法两种：干法啜漏试验是将燃料组件放在密闭的容器中，加热或减压后通氮气带出裂变气体，测量其放射性，即可判断燃料元件包壳有否破损，装置简图如图 6-1（a）所示；湿法啜漏试验如图 6-1（b）所示，将燃料组件放入特制的密闭容器，由于裂变产物 ^{137}I、^{134}Cs、^{137}Cs 的衰变热，使冷却剂加热，然后取水样到化学实验室进行分析，可根据所测定水样的放射性水平来确定组件内的元件棒有否破损。

干法啜漏试验由于是连续吹气测量，所以检测的速度较快，而湿法啜漏试验的准确度高一些。

大亚湾核电厂的燃料组件啜漏试验系统包括两个系统，安装在装卸料机上的定性破损检测在线啜漏试验系统以及安装在乏燃料水池边上的定量破损检测离线啜漏系统。

当燃料元件在堆内长时间受辐照后，由于机械应力、热冲击、腐蚀或制造缺陷等造成燃料包壳破损。采用啜漏破损探测系统的目的就是，当辐照后燃料组件进入下一堆芯循环前，确定其燃料包壳是否完整，有破损的燃料组件不再重新装入堆芯，将一回路冷却剂放射性活度降到最低限度。

（1）在线啜漏试验系统。这个系统安装在装卸料机上，在堆芯卸料期间，对辐照后燃料组件进行破损泄漏探测，见图 6-2。

当燃料组件升至可伸缩套筒内后，用气体泵从筒内抽气并送到测量柜中，若存在破损燃料棒，^{133}Xeγ 探测器测量其活度，当 γ 活度大于本底 3 倍或以上，即可判断有燃料包壳破损。但这个系统只能判断燃元件包壳破损情况而不能判定其大小。

（2）定量离线啜漏试验系统。一般说来，离线探测系统只用于对在线定性检查确定为有泄漏的燃料组件才进行离线定量啜漏试验检测，因为定量离线泄漏试验是极其费时的。

定量离线啜漏试验系统构成如图 6-3 所示。

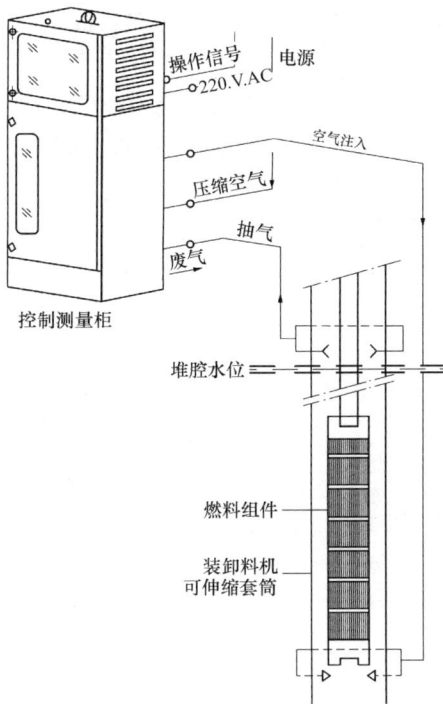

图 6-2　辐照后燃料组件在线啜漏试验系统

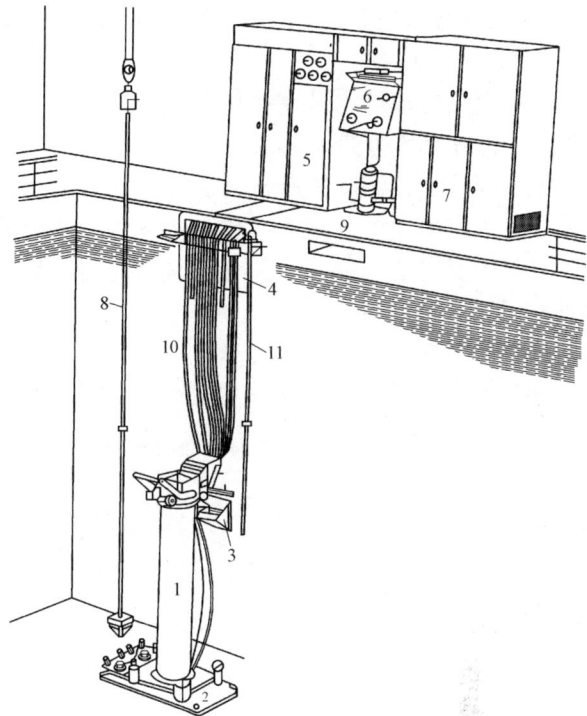

图 6-3　辐照后燃料组件离线啜漏试验系统

1—试验筒；2—底板；3—支架；4—控制盒；5—机电模块；
6—手套箱；7—仪表控制柜；8—操作过滤器的工具；
9—铅屏蔽罩；10—连接软管；11—筒盖操作工具

为了确定燃料组件中泄漏破损当量孔的大小，待检测的燃料组件被装进啜漏套筒内，啜漏套筒与池水间放置适当的气体隔热层，同时在回路中设置了加热系统，这两项措施都有利于试验温度的提高。提高燃料组件中周围流体的温度将导致燃料棒内裂变气体压力的升高，当存在带泄漏的破损燃料组件时，这种效应将引起裂变产物（如气体^{133}Xe）逸出率的加速以及裂变气体在周围水中溶解量的增加，以便于探测。经过离线啜漏探测系统可测定其漏孔的当量直径，以避免漏孔当量直径大于 35μm 的破损燃料组件重新装入堆芯。

为了进行燃料组件泄漏破损的定量检测，所采取的试验步骤是极其费时的，每次试验要求在不同的温度下，在 30min 内进行两次取样分析，每小时大约能检测两个燃料组件，而包括取样在内定量地定出孔大小所需的时间约为 1.5h。

6.2　水　质　管　理

压水堆核电厂的水质管理主要是对一回路冷却剂及二回路给水水质的控制。

水质管理工作的好坏是关系到压水堆主要设备能否在 40 年工作寿期内安全运行的关键问题，主要原因如下：

（1）在压水反应堆中，燃料元件是在高温、高热流密度的条件下工作，必须保证在燃料元件表面上没有污垢沉淀。据估计，在热流密度为 $1.16 \times 10^6 \, W/m^2$ 情况下，如果因冷却剂水含有杂质而在燃料元件包壳表面上形成 0.2mm 厚的污垢，将会使燃料元件表面温度增加 100℃。

（2）由于冷却剂水是在放射性辐照条件下工作，水中的杂质会被活化而生成为放射性同位素，给操作和维修带来困难，同时，在中子与 γ 辐照情况下，水会分解，又加剧了对材料的腐蚀。因此，控制水中所含杂质以减少腐蚀，比常规火力电厂有更重要的意义。

（3）压水堆及一回路的系统和设备大量使用了不锈钢材及锆材。在这种情况下，如果忽视了对水中氯离子、氟离子和溶解氧的控制，就有可能使某些重要设备发生严重的应力腐蚀裂纹而损坏，甚至报废。

一、一回路冷却剂水质指标

在正常运行时，某压水堆一回路冷却剂水质指标如表 6-1 所示。

表 6-1　　　　　　　　　　　　压水堆冷却剂水质指标（参考值）

指　标	单　位	冷　却　剂	补　水
电导率（25℃）	μS/cm	1～40	＜1.0
pH 值（25℃）		4.2～10.5	6.0～8.0
二氧化碳含量	mg/kg	＜2.0	＜2
氧含量	mg/kg	＜0.1	＜0.1
氯含量	mg/kg	＜0.15	＜0.15
氟含量	mg/kg	＜0.1	＜0.1
氢含量	mL/(kg·H_2O)	25～35	
总悬浮态固体量	mg/kg	＜1.0	＜0.1
铀	mg/kg	0.22～2.2	
硼酸	mg/kg	0～4000	＜5
过滤度	μm		5

控制上述指标的要求和意义如下所述。

（1）pH 值。pH 值是表示水中氢离子浓度值的一个量。在常温下，中性水的氢离子浓度 $H^+ = 10^{-7}$ mol/l，即 pH＝7；所以，当 pH 值大于 7 时，溶液呈碱性，而 pH 值小于 7 时，溶液呈酸性。

pH 值的大小对金属材料的腐蚀速率有很大的影响。冷却剂水偏于碱性时，金属表面会形成一层致密的氧化膜，能使不锈钢材料的腐蚀速率明显下降。但是，当冷却剂 pH 值过高时，会引起材料的苛性脆化。实验结果表明，冷却剂的 pH 值如果超过 11.3 时，锆合金的腐蚀速率急剧上升。因此，为安全起见，规定冷却剂的 pH 上限值为 10.5；同时考虑到压水堆运行初期，冷却剂含硼浓度要达 1500mg/kg 左右，如果想把冷却剂调到碱性，需要加入大量的碱溶液，而这些化合物的浓度过大也会加速元件包壳材料的腐蚀，因此，一般取 pH 值的下限为 4.2。

当需要调整 pH 值时，由化学和容积控制系统中的化学添加箱向冷却剂系统添加控制剂氢氧化锂来提高 pH 值。氢氧化锂的辐照稳定性好，碱性也比较高，锂—7 的中子吸收截面小，同时，它对不锈钢引起苛性断裂的影响很小。使用氢氧化锂的缺点是锂的价格较为昂贵，锂—7 的同位素分离又是个复杂的过程，所以，冷却剂中氢氧化锂的添加量必须根据对冷却剂硼浓度的取样分析来确定。当冷却剂中累积过量的锂时（超过 2.2mg/kg），应经除锂离子交换器除锂，以调整冷却剂的 pH 值。

（2）氧含量和氢含量。氧是造成金属材料腐蚀的重要原因之一，冷却剂水中的氧来自两方面。一种是核电厂调试启动时系统充水，以及在补水的制备和储存过程中，由于水与空气相接触而溶入的，称为溶解氧；另一种是水在压水堆内受射线的辐照分解而产生的辐照分解氧。

1）溶解氧的控制。一回路系统一般采用联氨除氧法，当冷却剂温度在 90～120℃ 范围内这个化学反应速率最快，除氧效果最好。因之，压水堆启动时冷却剂温度至 90～120℃ 时应停止升温数小时，加联氨除氧，直至取样分析表明冷却氧含量达到规定水质指标时为止。

2）辐照分解氧的控制。冷却剂在反应堆内，受射线的辐照分解生成氢氧根和氢离子，氢氧根离子进一步又分解成水和氧。为了抑制水的电离分解，向系统内加入过量的氢气，让可逆反应朝着复合的方向进行。

为此，在核电厂启动，一回路系统升温过程中，必须打开氢气供应管系，使容积控制箱上部空间充以 1.0～1.5MPa 表压的氢气。

3）氢含量的控制。由于冷却剂中氢含量的过分增多，会给锆合金包壳带来氢脆问题，锆合金的吸氢量随着冷却剂中氧含量的增加而增加，当锆合金中吸入的氢超过其固熔极限值时，会以氢化物形态析出，而使材料性能变脆。

根据大量的实验数据和核电厂运行实践表明，在标准状态下冷却剂含氢量在 25～35ml/kg 范围内比较合适，这种情况下，既能起到抑制辐照分解氧，又可避免出现严重的锆合金氢脆现象。

（3）氯含量和氟含量。不锈钢的应力腐蚀是引起设备损坏的重要原因之一，造成应力腐蚀必须有两方面条件，一是设备受外力或在加工过程中留下的残余应力作用，另一个冷却剂中存在着氟离子和氯离子，后者是造成应力腐蚀的必要条件。

冷却剂中氯离子的主要来源是密封填料、化学添加剂、离子交换树脂等外来物质，所以，控制氯离子的主要措施是严格限制含氯物质的使用量。氯离子的含量超过 1mg/kg 时，对锆合金有明显的侵蚀作用。

氟离子的来源可能是用含有浓硝酸、浓氢氟酸的溶液清洗锆合金表面后未用高纯度除盐水冲刷干净，材料表面上留着的部分氟离子带入了冷却剂，也可能因一些密封填料如聚四氟乙烯、石棉绳等材料而在冷却剂中溶入了少量氟离子。

二、冷却剂水质的控制

压水堆运行过程中，为了保持冷却剂水质，让冷却剂下泄流经过过滤器去除颗粒状杂质，通过两个混合床离子交换器中的一个，进入另一个过滤器，再喷淋到容积控制箱中。

容积控制箱中的气相主要是氢气，改变压力调节器给定值可使氢的含量变化，压力调节器装在容积控制箱氢气进口集管上，反应堆冷却剂从这里获得氢气，以达到规定的氢含量。

为了从回路中把裂变气体排走，把容积控制箱中的气体抽到废气处理系统中，要特别注意此操作必须在堆冷停闭或更换燃料停闭之前进行。

位于混合床下游的阳床离子交换器是间断使用的，以减少冷却剂中铯活性和除去由硼的 $(n，\alpha)$ 反应而形成的过量的锂 $[^{10}B(n，\alpha)^7Li]$。

除了化学和容积控制系统本身的离子交换器以外，在燃料寿期末期，由于冷却剂中含硼量较低，化学和容积控制系统还可使用属于一回路排水系统的离子交换器，进行反应堆冷却剂的除硼。

在核蒸汽供应系统冷却期间，当一回路压力较低而不能使用正常下泄系统时，由余热排出系统进行下泄，再进入化学和容积控制系统净化。一回路水流的一部分离开余热排出系统热交换器后，经过下泄热交换器、混合床离子交换器、净化过滤器，回到容积控制箱。上充泵把净化后的冷却剂通过上充管线送回一回路中。

三、二回路水质

二回路的水质直接关系到蒸汽发生器运行的可靠性，这是由于在蒸汽发生器运行中，存在着一些化学反应会产生氢氧化合物（游离苛性物质），它的过量浓集就会使蒸汽发生器传热管因晶间应力腐蚀而损坏。运行实践表明，改善水处理，传热管材料的选择便不成为主要矛盾，例如，一些采用不锈钢作传热管材的蒸汽发生器，由于严格控制了二回路水质，可以不发生大规模的泄漏事故，而用高镍合金因科镍－600作管材的蒸汽发生器，在水质选用不当时，引起晶间腐蚀和应力腐蚀，发生过成千根传热管泄漏的事故。

表6-2是运行中某压水堆核电厂所采用的二回路给水、凝结水及补充水等水质标准。

表6-2 二回路水质指标（参考值）

项 目	指 标	单 位	数 值
给水[1]	pH	(25℃)	9.6～9.8
	溶解氧	mg/kg	<0.005
	铁含量	mg/kg	<0.02
	铜含量	mg/kg	<0.005
	镍含量	mg/kg	<0.05
	氯离子	mg/kg	<0.02
凝结水	阳离子电导率[2]	μS/cm (25℃)	<0.5
	电导率[3]	μS/cm	<0.5
补充水	电导率	μS/cm (25℃)	<0.2
	总盐量	μg/L	<0.02
	矽含量	μg/L	<0.05
	pH	(25℃)	7

[1] 高压加热器出口。
[2] 凝汽器出口。
[3] 凝汽器除盐装置出口。

为了避免应力腐蚀，对二回路水的含氧量及氯离子量需要有严格的控制，含氧量要求小于0.005mg/kg，除氧由凝汽器或专设的除氧器进行。

蒸汽发生器内二回路侧给水的pH值和一般动力设备相同，控制在8.9～9.3范围。有些压水堆利用普通锅炉的经验，对给水采用磷酸盐处理，来控制pH值，使磷酸盐和水中的硬性成分（钙、镁盐）起作用形成疏松的沉渣，然后用排污方法放走，使之不在传热管上结垢和避免晶间腐蚀。但在实际应用中，有些用因科镍－600做管材的蒸汽发生器发生了大量的沉渣，在管子表面蒸发极高的盐分浓度，以及由于 U 形管底部的滞流，而造成大量的晶间腐蚀及应力腐蚀裂纹和管壁变薄。因此，现在有较多的核电厂对使用因科镍－600作传热管的蒸汽发生器改用全挥发处理，即用添加吗啉和联氨等挥发性物质，来调节给水 pH 值，并降低氧含量。全挥发处理的优点是所加入的化学药品不会浓集，这样就不会形成局部高浓度的苛性溶液，它的主要缺点是：在蒸汽发生器给水中添加的挥发性物质的容纳量是很小的，不能防止结垢，而且不能应付水中杂质瞬间过高的情况，所以还必须对凝结水进行处理，从根本上减少进入蒸汽发生器的杂质。

进入蒸汽发生器的杂质有两个来源：一个是腐蚀产物；另一个是冷却水漏入凝汽器，后者是根本性的原因。当用海水作循环水时更要特别注意。在凝汽器采用海水冷却时，为减少海水腐蚀的作用，凝结水系统需增设除盐装置，另外，尚需在凝结水泵出口侧装设化学注入系统对给水进行化学处理，以保证给水水质符合规定指标。所加化学溶剂经混合稀释后，储存在密封箱内，由药剂泵将溶剂注入凝结水泵的出口侧。

现在有些用淡水冷却的核电厂也准备采用凝结水除盐装置，以提高蒸汽发生器的可靠性。

6.3　核电设备定期试验与在役检查

核电厂营运单位在运行开始之前必须制定出为安全运行所必需的建筑物、系统和部件的定期维修、试验、检验和检查的大纲。大纲必须存档，并便于国家核安全部门查验。大纲还必须根据运行经验进行重新评价。

核电厂营运单位必须作出安排，由合格的人员使用合适的设备和技术完成符合要求的定期试验、检验和检查。维修、试验、检验和检查大纲必须计及运行限值和条件，以及其他适用的核安全管理要求。必须确定安全重要的核电厂构筑物，系统和部件维修、试验、检验和检查的标准和周期，使其可靠性和有效性与设计要求保持一致，并保证运行开始后，核电厂的安全状态不致受到有害的影响。构筑物、系统和部件的维修、试验、检验和检查的频度必须根据它们的相对重要性而定，同时，要适当地考虑到其功能失效的概率和维修时人员所受辐照，保持合理可行尽量低的要求。

6.3.1　机械设备的定期试验

表 6-3 列出了大型压水堆核电厂定期试验的主要内容。

表 6-3　　　　　　　　　　　　　　压水堆核电厂定期试验

项　　目		内　　容	说　　明
1　反应堆冷却剂系统	1.1　反应堆冷却剂系统泄漏率测量	反应堆功率稳定，稳压器水位和反应堆冷却剂平均温度保持不变从容积控制箱水位下降中得出总泄漏量，总泄漏率要小于 230L/h	试验时从以下各处测定泄漏率： （1）压力容器 O 形环引漏； （2）稳压器卸压箱水位的变化； （3）核岛排气及疏排水系统排水储存箱的水位； （4）安全注射箱的水位

项　目		内　容	说　明
1　反应堆冷却剂系统	1.2　换料或维修后反应堆冷却剂系统的密封性试验	初始状态： 温度：(275～280)℃ 压力：额定压力×1.5 压力增加到 22.9MPa、保持不变，升压过程中检验稳压器安全阀组密封性	试验时可以得出总的反应堆冷却剂系统泄漏量
	1.3　稳压器安全阀组整定压力检验	换料过程中，反应堆冷却剂系统降压和疏水时，对安全阀组的保护阀和隔离阀的开启和回座压力进行检验	使用一台与安全阀组控制柜相连接的试验泵来进行
	1.4　稳压器安全阀组动作试验	每次换料后核电厂启动期间，反应堆冷却剂系统压力达到 2.5MPa 时，进行安全阀组保护阀和隔离阀的动作试验	
	1.5　连接阀密封性试验	反应堆启动过程中，达到热停堆状态时，对余热排出系统入口处阀门进行泄漏试验；对安全注射系统的止回阀进行泄漏试验	
2　化学和容积控制系统	2.1　上充泵试验	正常运行时，一台上充泵投入运行，试验将在两台停运的泵上进行	
	2.2　上充泵润滑油泵试验	保持上充泵增速器齿轮和轴承上的油膜	每月一次
	2.3　执行安全任务的某些启动器的试验	本系统接收来自反应堆保护系统专设保护信号的启动器有： 电动阀 止回阀 输出继电器 压力敏感元件 流量计	
3　余热排出系统	3.1　循环泵运行试验	每次换料停堆时，检查循环泵和电动机的运行参数	
	3.2　本系统安全阀压力整定值检验	换料冷停堆，压力 2.4～2.8MPa，温度低于 70℃时，检查安全阀压力整定值	
	3.3　本系统隔离阀泄漏试验	对本系统入口阀门定期进行试验，以保证本系统与反应堆冷却剂系统接口的密封性	反应堆启动期间，在本系统被隔离时进行
	3.4　本系统气动控制阀试验	检查当压缩空气分配系统气源丧失时气动控制阀能否保持它们的阀位	每隔一次换料停堆时进行
4　反应堆硼和水补给系统	4.1　除盐水泵和硼酸泵可操作性试验	检验除盐水泵和硼酸泵能否按预先设定的程序投入运行	
	4.2　安全壳隔离阀密封试验和操作试验	对阀门的一侧进行局部增压，对另一侧测量空气或水的泄漏，检查密封性	
5　设备冷却水系统	5.1　电动泵机组的性能试验	记录流量和轴承温度，校验电机和泵的位移等参数	每台泵，在两次换料停堆之间
	5.2　本系统逻辑电路和启动器试验	检验设备冷却水系统，重要厂用水系统的常规应急和自动切换校验	

项　目		内　容	说　明
5　设备冷却水系统	5.3　本系统热交换器的状态	热交换器流量	每台热交换器，在两次换料停堆之间
	5.4　本系统隔离阀门和止回阀门功能试验	密封性能试验	
6　重要厂用水系统	6.1　泵的功能试验	试验期间尽可能按需要运转较长一段时间，校核功能特性，检查运行情况（轴承温度、振动）是否良好	
	6.2　泵的运行试验	由于设备冷却水系统系列的切换，而引起本系统系列切换时，泵的切换试验	
7　主蒸汽系统主蒸汽阀快关试验		试验主蒸汽隔离阀快速关闭的时间	利用接收阀门限位开关信号的记录仪，或利用集中数据记录系统，监测主蒸汽隔离阀的关闭时间（应小于 5s）
7.1　快速关闭分配器的试验和主蒸汽阀的部分关闭试验		验证快速关闭分配器的正确动作，并同时验证主蒸汽隔离阀的可操作性	每条管线每月试验一次
7.2　蒸汽发生器安全阀压力整定值试验		验证安全阀弹簧元件的整定压力	
7.3　4 只弹簧加载安全阀和 3 只动力操作安全阀		验证为动力操作安全阀而设的控制装置	
7.4　主蒸汽的疏水旁路阀性能试验		检查其功能性操作	
7.5　主蒸汽的疏水水位控制装置性能试验		检查其功能性操作	
8　汽轮机调节系统超速试验		汽机转速已经提升后，但尚未带负荷以前进行，在汽机达到超速以前证实超速脱扣销的动作及其定值	至少每年一次，当汽机在一次彻底检修后再投入使用时，也应进行
9　阀门带负荷试验		在微型调节器控制下，进行主蒸汽阀门带负荷试验，要求在长期带负荷运行后，汽机的全部主蒸汽阀门（截止和调节阀）在紧急情况下能自由地关闭	汽机连续运行时，至少每月进行一次。每次汽机升速后，可在一整月后再进行
10　汽轮机保护系统对汽轮机保护系统的设备做带负荷试验		试验的设备包括：超速脱扣销带负荷试验（用注油办法）汽机脱扣线圈的带负荷试验微型调节器联动脱扣压力开关的带负荷试验反应堆联动脱扣压力开关的带负荷试验高压缸排汽压力传感器的带负荷试验	每周进行
11　汽动主给水泵系统主给水泵性能		检查检查进口和出口压力，压力级泵的转速，供油温度和压力，轴承温度，升压泵填料轴承处泄漏。压力级泵机械密封处泄漏，振动、噪声等运行参数	每日一次，或每周一次
12　湿保养汽轮机脱扣		换料周期内检查汽机的超速脱扣和手动脱扣电磁脱扣阀的正确动作	每月一次，或每周一次
13　低压给水加热器系统带负荷定期试验		检查本系统总体的完整性，检查水位、流量、温度和压力仪表读数正常	每值、每周、每月分别进行

续表

项　目	内　容	说　明
14　给水除气器系统带负荷定期试验	检查本系统设备总体的完整性检查水位、温度和压力仪表读数正常,除氧器水位发送器输出与除氧器水位的一致性	每值、每周或每月分别进行
15　生水系统性能检验	指示仪报警开关动作试验水位敏感元件手动干预后动作检	季度试验

6.3.2　在役检查

核电厂投入运行后,进行的定期检查叫做在役检查,检查时对反应堆冷却剂承压边界的耐压设备(如容器、管道)进行无损探伤,并与役前检查(又称基准检查)进行比较,判断原有缺陷有否扩展、有否产生新的缺陷等,以确保耐压设备的安全性,有些情况下在役检查工作也扩大至辅助系统和安全保护系统的设备。在役检查的时间间隔,一般为电厂运行开始后每10年检查一次,每次作100%检查。这样,在40年反应堆寿期中要重复进行3次。近来,有的核电厂采取在运行初期集中进行的办法,如在开始运行的头5年进行第一次在役检查时,要作100%检查;第二次在其后10年进行,第三次在第二次后15年进行,检查程度见表6-4。

表6-4　　　　　　　　　　压水堆核电厂在役检查项目

检 查 部 位	检 查 要 求	检 查 方 法	检 查 程 度
(1) 压力容器及上盖			
堆芯区筒体纵向、圆周焊缝	容积检查	UT	
其他地方的纵向、圆周焊缝	容积检查	UT	5%~10%
上盖的纵向、圆周焊缝	容积检查	UT	5%~10%
下底的纵向、圆周焊缝	容积检查	UT	5%~10%
筒体与法兰的焊缝	容积检查	UT	100%
上盖与法兰的焊缝	容积检查	UT	100%
冷却剂接管焊缝	容积检查	UT	100%
控制棒驱动机构罩壳焊缝	容积检查	UT	25%
堆内仪表管道焊缝	容积检查	UT	25%
控制棒驱动机构贯穿处	目视检查	VT	25%
一次侧接管与过渡段焊缝	容积、目视、表面检查	VT、PT	100%
筒体法兰边	容积检查	UT	100%
双头螺栓、螺母	容积检查	UT、VT	100%
垫圈	目视检查	VT	100%
压力容器支撑	容积检查	UT	10%
上盖的堆焊处	目视、容积检查	VT	100%

续表

检 查 部 位	检 查 要 求	检 查 方 法	检 查 程 度
容器的堆焊处	目视检查	VT	100%
堆芯结构	目视检查	VT	可能范围
（2）蒸汽发生器			
管板与水室的焊缝		UT、VT	5%
接管处焊缝		UT、VT	100%
人孔安装螺栓		VT	100%
一次侧内面覆盖层		VT	100%
（3）稳压器			
纵向与圆周焊缝	目视、容积检查	UT、VT	5%～10%
接管与容器的焊缝	容积检查	UT	100%
接管弯曲面	容积检查	UT	100%
加热器接管	目视检查	VT	100%
人孔安装螺栓	目视检查	VT	100%
支裙焊缝	目视、容积检查	UT、VT	100%
容器内面覆盖层	目视检查	VT	100%
接管与过渡段焊缝	容积、目视、表面检查	UT、PT	100%
（4）一回路冷却剂泵			
泵罩壳的焊接缝	目视、容积检查	UT、VT	一台
泵罩壳的内表面	目视检查	VT	一台
主法兰螺栓	目视、容积检查	UT、VT	100%
密封罩壳螺栓	目视检查	VT	25%
支持凸缘	目视、容积检查	VT	100%
（5）阀			
阀的内表面	目视检查	VT	1个
螺栓	目视检查	VT	1个
（6）管道			
圆周焊接缝	目视、容积检查	UT、VT	25%
超过 100m 支管的焊缝	目视、容积检查	UT、VT	25%
套管焊缝	目视、容积检查	UT、VT	25%
100m 以下圆周支管焊缝	目视、容积检查	UT、VT	25%
支持凸缘	目视、容积检查	PT	25%
支持吊	目视检查	VT	100%

注 VT—目视检查；PT—液体浸透试验；UT—超声波探伤试验。

在役检查中所使用的试验方法，全部为非破坏性检查，即无损检查，主要的试验方法分作以下三类。

（1）目视检查。目视检查是为观察设备和部件及它们的表面状态而进行的，内容包括表面的划伤、磨损裂缝、腐蚀、浸蚀，以及设备和部件的连接状况，有无泄漏等。目视检查又可分为两种。

1）直观检查。在距被检查表面 60cm，视角大于 30 度以上的能够接近场合，可以直接用肉眼进行检查，如为了改善视角，可以使用平面镜；

2）远距离目视检查。对设备的缺陷判别当用肉眼作直观检查有困难，例如因辐射剂量过大而不能接近时，可以借助于望远镜、潜望镜、内窥视潜望镜、光学纤维内窥镜、光学照相以及电视摄像等方法作远距离目视检查。

目视检验有两个等级：一般检验和详细检验。一般检验的目的是发现可见的表面异常、运行时或泄漏试验的泄漏迹象、变形和松动部件等。详细检验用于提供有关复杂表面、焊缝、受侵蚀或腐蚀影响的区域等缺陷的存在和性质的详细资料。

详细目视检验的实施方法应符合 RCCM，MC7100 的要求。使用仪器的分辨能力至少应与直接目视检查相同。

（2）表面检查。表面检查是对表面或近于表面的裂缝和不连续部分进行的检测，对带有磁性材料的表面缺陷的检测用磁粉探伤试验较为有效，表面检查所使用的主要方法是染色浸透探伤试验。对蒸汽发生器管板密封焊接处，压力容器过渡段焊接处等难于接近的地方，可与电视摄像相结合而制成远距离液体浸透探伤试验装置。

（3）容积检查。容积检查是通过设备的整个体积对包含在表面下的缺陷进行的试验检查，所使用的检查方法主要有：放射线穿透试验、超声波探伤试验和涡流探伤试验。

在役检查中使用得最多的是容积检查，而在大部分场合广泛采用了超声波探伤试验。与放射线穿透试验相比，超声波探伤试验对缺陷检测的能力高，又易于自动化和远距离操作。涡流探伤试验，主要用于蒸汽发生器传热管的缺陷检查。

反应堆压力容器是压水堆核电厂最主要的在役检查对象，通常用超声波探伤试验法从压力容器内表面或从压力容器外部对它的焊缝进行检查。

6.4　蒸汽发生器传热管的检修

运行中蒸汽发生器的传热管有无泄漏，可以用检测主蒸汽、蒸汽发生器排污水或凝汽器抽气中有无放射性来鉴定。

例如，正常运行时，当一回路水的放射性浓度为 $3.7 \times 10^4 \, \text{Bq/g}$，一回路向二回路泄漏为每台蒸汽发生器小于 70L/h 时。这时，蒸汽发生器二次侧水的放射性浓度为 18.5Bq/g。当蒸汽发生器有一根管子破裂时，一、二回路的泄漏量增大，蒸汽发生器二次侧水的放射性浓度也将增加，因此，对泄漏量、排污水或主蒸汽管的放射性监测可及时判断蒸汽发生器管子有否泄漏。

为了确定泄漏的性质和程度、破损的部位和原因，必须对传热管进行检查，目前使用的检查方法是从管子内侧作涡流探伤；该法使用方便、可靠，它对管子微小几何形状的变化，例如裂纹、管壁减薄或穿孔等缺陷均很灵敏，先进的涡流探伤装置如图6-4所示，它可以在蒸汽发生器管板上自动换位，作远距离检查、以减少检修人员所受到的辐射剂量。

在定期检查时，用涡流探伤检查法检查全部或一部分传热管。当停堆检验时发现有管子穿孔，或有管壁减薄达 30% 管壁厚度时，就需要堵管。

对于有缺陷的传热管，检修时可予以堵塞。堵管的方法，以前用胀接和焊接的方法，使检修人员剂量率高达 10R/h。1973 年以后，已普遍采用爆炸法堵管，方法简单，又可遥控操作，大大减少了检修人员所受的剂量，约为原来总剂量的四分之一。爆炸法堵管的原理如图 6-5 所示，图 6-6 是堵管用锥形塞断面图。锥形塞 1 包括一个中空的盲孔圆柱体 4，和锥形表面 9，锥形角 α 为 2°～6°，盲孔 5 中装有一个塑性套 7，塑性套 7 有一个加长尾端 10，它带有凸肩和纵向沟槽，以便将套 7 塞进锥形塞中。塞 1 与套 7 构成

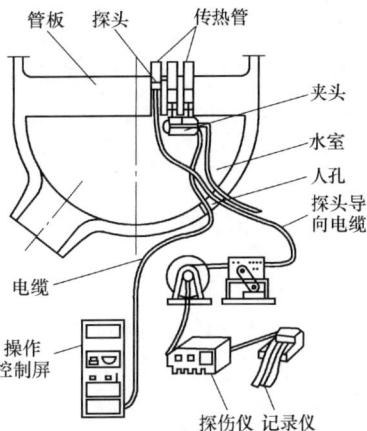

图 6-4　蒸汽发生器传热管涡流探伤检查

一个整体，可插入蒸汽发生器 U 形管的端部。雷管 2 装在套 7 的前端，炸药 8 的装载长度，大约相当于塞子 1 的锥形部分 9 的长度，点火线 6 同雷管 2 相连接，沿着雷管 2 与炸药 8 引出。

为了堵住漏管，检修人员从人孔进入下封头中，然后仔细清洗应堵住的 U 形管端内表面，将锥形塞插入管内，点火线同电引爆管连接而爆炸，爆炸的冲击波经塑性套 7 传给塞子 1，使锥形部分 9 产生变形，由于在很短时间内的高压作用，管子和塞的连接部分的金属表面相互摩擦撞击，使管子和塞子的表面焊接在一起。

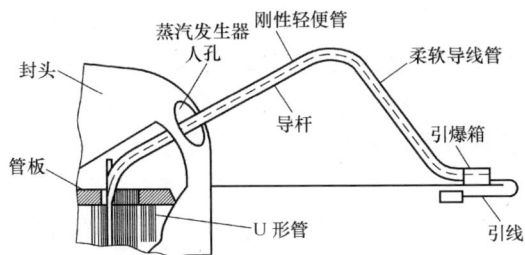

图 6-5　爆炸堵管原理图

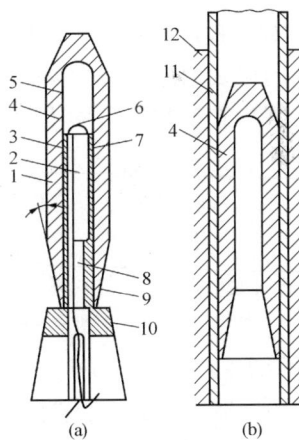

图 6-6　锥形塞

（a）锥形塞断面；（b）锥形塞与管子焊后断面

6.5　核电厂维修简介

从技术上看，维修同运行一样复杂和重要，但极少有人将维修与设计或工程管理等工作

同等看待，直到发生某种事故，电厂停止运行时，才想起它来，这时又轻率地责怪维修工作没有做好。

维修能引起或避免很大的费用，因而通常对总体经营管理有很大的影响。但由于技术决策或失误的后果往往不是短时间能看得出来的，事先很难估计这种影响。

维修人员的培训要花很长时间，又很困难。在学员具有工程经历的情况下，还需进行广泛的实际操作培训，才能以时间与错误为代价熟练地掌握维修技术。

6.5.1　维修的概念与目标

一、维修目标

面对着设备老化过程，维修的主要目标是使生产手段保持正常工作的状态。最明显的技术—经济要求是确保其正常功能。如果没有适当的维修，哪怕是设计得最好的生产设施也会出现出力下降，最终完全停止工作。

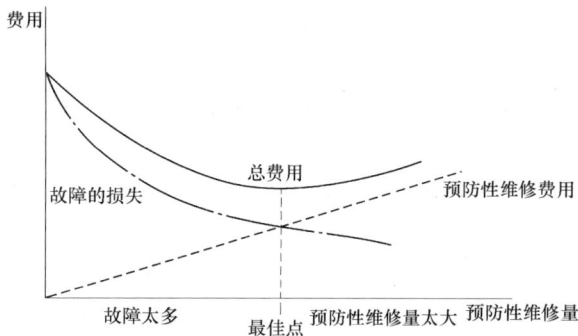

图 6-7　总维修费用与预防性维修量的关系

在先进的工业社会里，这一基本目标总是能实现的。即不让停运时间（包括预先计划的停运或故障引起的停运）超过合理的限度。负责维修者的主要目标乃是系统的整体经济效益。如图 6-7 所示，在总费用曲线上有一个最低点，即最佳点，从该点往右，增加维修量不再使总费用降低。

维修管理的难处在于要在尽量减小总费用的同时，寻求维修费用与维修需求的平衡。为了监察和评价公司预算中的维修部分，建立了一些经济指标，这些指标包括直接的维修费用以及由于设备故障和生产损失引起的间接费用。间接费用的概念虽不够明确，却很重要，因为它反映了劣质维修引起的损失，直接费用则是所谓维修质量（及设计质量）的一种量度。

很难客观地判断维修人员的工作好坏，这是维修方面的一个主要问题。重要工业设施中的大机器，一般是非常可靠的，即使不做预防性维修，机器的自然的性能恶化也是很缓慢的。因此，一位维修主任在几年内可以不花多少钱而机器的可用率没有明显的下降。另外一位维修主任也许采用了较大规模和花费较多的维修政策以补偿暗中发展的老化问题。前一位主任往往显得更能干，而对于后一位主任，花费是一目了然的，并且立刻对预算产生了不利的影响，而他在减轻设备老化效应方面的成绩却无人注意。所以无法根据一年乃至数年的运行来做一次质量分析。

认真的维修分析应当：

（1）考虑间接维修费用（减产或停产的损失）；

（2）判断较长时间（至少五年）内经济指标的演变；

（3）评价上述同一时期内设备状态的演变。

二、维修概念

各个单位可按它在维修方面的水平划分为：

零级——包括那些个人或团体，他们从不作任何维修，只要设备还能用就用，这样做的结果是尽人皆知的。设备越复杂，不良后果出现越早。

第一级——包括仅当设备出现故障时才作改正性维修的单位。对于简单的民用设备，这一等级很合适，但对于大多数工业系统中的较大型的设备，却会引起严重的经济损失。

第二级——包括那些定期进行预防性修复或更换老化部件的公司。

有些设备按简单规律恶化，它们的失效期很容易通过仔细的观察来推定。典型的例子是磨损件和用特别易老化的材料制成的部件（密封垫、橡胶软管等）。对这些部件定期作预防性更换可防止故障，同时在安排预防性维修停运的时间上还能保持一定程度的灵活性。用这种办法可减低设备的停机率（间接费用）及直接维修费用。这种维修政策，可以根据常识和对设备历史的分析较容易地贯彻实施。

但要注意在大型工业中，这种维修政策会立即暴露出它的局限性。鉴于估算维修的需要量需具备大量统计资料，这种维修政策实质上较适用于磨损件以及大量的同样简单的设备的维修。对于新设备或小批量生产的设备，运行反馈不能提供足够的统计资料，就难以制定定期维修计划。在这种情况下，通过频繁的设备故障可以觉察出维修的不足。维修的过量则较难判断。过量维修会增加主动停产损失、因过多拆装使老化加速及加大人为错误引起损坏的机会。这些都导致直接和间接维修费用的增长。过量维修的不利效果很难估计，尤其使加速老化和增加人为错误引起的损坏这两方面。

第三级（最高一级）——包括那些公司，它们克服了第二级的不确定因素，并能最恰当地运用预防性维修。预防性维修不单单保持设备正常运转，还要使设备保持在一个预定的可靠型水平上。要达到并保持这个水平，需要广泛的工程技术和经验。这意味着考虑老化过程及加以控制；换句话说，需补偿老化效应并按既定目标把它保持在规定的限度以内。

第三级维修的特征可用三项基本要素来表明：①按状态的维修；②缺陷的可接受性；③由于运行经验反馈而得到的维修政策灵活性。

按状态的维修要求，尽管设备的外表似乎完好，也要设法获取关于其实际状态的详细资料。这样才能更准确地判断维修的需要和减少系统式的预防行动。过去几十年中在金属结构的无损探伤检测方面有了很大的进步，在对复杂机器（特别是旋转式机器）不用先拆开而能进行诊断的方法方面也有了很大的改进。

在用上述改进的方法探测出缺陷以后，要靠评估缺陷可能造成损害的程度来决定缺陷是否可接受。通过断裂力学之类的技术，现在准确分析缺陷的可接受性的能力有了很大提高，特别是对于大型厚重的部件。

维修政策的灵活性牵涉到对该政策的功效连续进行评估和按运行经验将政策加以调整两个方面。

6.5.2　维修术语

国际上对维修用语的准确含义和解释是不一致的，本书采用法国的 AFNOR 标准，特别是 NFX60-010 标准来给维修分类。

一、维修类别

维修的定义是同使一项设备保持或恢复到一组规定状态或满足规定的功能要求有关的一切活动，称为维修。

维修可分两大类：在设备发生故障后实行的改正性维修和为减少设备故障或功能下降的概率而按预定准则实行的预防性维修（见图 6-8）。这个区别是最重要的（也许是唯一重要的）区别，因为改正性维修可以衡量一个公司（包括设计和运行）在控制质量下降方面的失败；而预防性维修则衡量为该目标作出了多少努力。

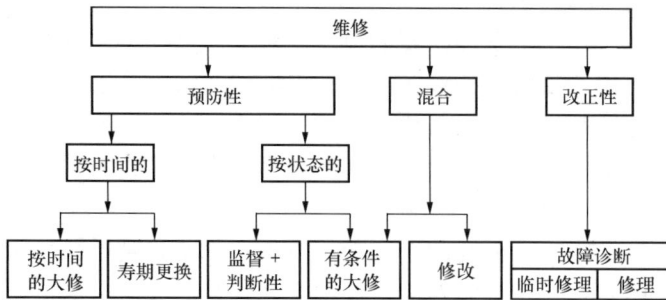

图 6-8　维修类别

二、预防性维修

预防性维修又可分为下列两类：

（1）按时间的维修（定期维修）——它按预先制定的时间表（根据时间或产量）实行，而不问设备的状态如何。

（2）按状态的维修——它按预先规定的用以衡量设备性能恶化的一套准则实行。

按时间的预防性维修任务包括不管设备的状态如何而定期进行的实际上恢复或改进设备状态（定期检查除外）的一切活动；例如不是根据品质分析，而是根据预先制定的时间表来更换润滑油。其他的例子还有大修时定期更换密封垫、橡胶软管、滚针轴承等。检查和试验，即使有精确的时间安排，也不算作按时间的预防性维修，它们是按状态维修的一种依据。

法国 AFNOR 的 NFX60-010 标准把按状态的维修定义为三种监督任务，即监控、试验和检查加上随后的恢复工作。

监督是掌握现代维修的关键。它确定预防性修复工作是否必要，避免系统式的处理，从而优化预防性维修计划。此外，监督确实是降低大型部件的重大故障概率的唯一有效途径，这类故障基本上来自应力循环，例如飞机结构就属这种情况。

最基本形式的监控在操作员巡视过程中执行。现场操作员执行的这种巡回活动包括目检和声音检查以及测取直接装在设备上的表计的读数。通过这些活动，现场操作员能对设备是否"正常"运转作出判断。事实上，运行人员不仅仅"启动、操作和停止"设备，他们在维修方面也起着重要的作用。

必须用维修人员的巡查来补充操作员巡视。维修专家的检查是在设备性能恶化尚未达到引起实际故障以前把它查找出来的最好方法之一。维修人员的检查要对偏离正常值的任何参数进行仔细的观察，而运行人员则时常只注意不逾越报警或停机的规定值。

试验这一类维修一般包括用来验证设备（特别是应急的备用设备）在预期最高要求和恶劣条件下的运转能力的全容量性能试验，这些试验也用来验证设备的仪表控制系统是否调整妥当。

检查主要用以评价重型压力容器及相关的承压边界的状态，现在主要采用无损检验技术，它对于压力容器和汽轮机转子之类重型金属构件内部缺陷的探测和缺陷大小的估计要比目检精确得多。

有条件的大修同传统概念大修具有同样的目的：使设备恢复可靠运转一段时期的能力。然而有条件的大修更为合乎实际，它对各部件的状态先作评定，仅在不满足验收标准时才采取修复或更换的行动。因此，它主要是一种打开来检查的做法。

三、改正性维修

改正性维修任务包括故障诊断、临时修理和修理三方面的内容。

（1）故障诊断是指根据检查、核实和试验提供的资料作逻辑推论，借以查明故障的可能原因。有两种级别的诊断；

1）一级诊断——利用当时现成的各种考察方法收集来的资料，对故障原因作出假设，从而决定为排除该故障所应采取的改正性维修措施；

2）二级诊断——把按照一级诊断实行改正性维修的结果（资料是在维修中收集来的），同对故障部件进行深入分析的结果，用作为二级诊断的根据，二级诊断的主要目的是：①确定最可能的故障方式；②分析所实行的维修对于发现的故陷是否足够；③核查该维修是否已使部件修复供长期使用，或尚需考虑其他措施；④增加对故障方式的了解。

因此，二级诊断才是经验反馈的基础，即从故障中获得尽可能多的教益以供将来参考的基础。没有这种反馈，运行经验就无实际意义。

（2）临时修理。对损坏的设备要进行临时修理，其目的主要是使设备在进行永久性修理以前暂时恢复使用。临时修理如果运用得当，不失为一种安全而有用的技术。

（3）修理是使设备或部件恢复运行的有限度的最终行动。

四、其他维修活动

法国标准还包含许多难以分类的活动，实际上是改正性维修和预防性维修的各种混合。它们能应用于已经发生故障或尚未发生故障的部件，其中最重要的一种是修改。

修改是旨在改善设备可靠性的一种有计划的提高质量的活动，这种活动把消除某一故障同防止它再发生结合起来，但由于确定其内容和付诸实施通常需要很长时间，修改仍基本上被看做一种预防性活动。

6.5.3　维修分级

所有上述这些活动，可按它们的复杂性或重要性，或为正确实施所必需的技术知识和手段，来排队分级。分级有助于在手段与目标之间找到恰当的平衡，这一点在评价同一家维修公司签订的合同时特别有用。

接法国标准可把维修活动分为五级，如图 6-9 所示。

第1级	简单的调整 更换小零件 人员——操作员 无需工具
第2级	标准部件替换（开关或仪表控制部件） 小的预防性维修（润滑） 人员——中等水平的技工 便携式工具
第3级	损坏诊断 标准部件（复杂的机械组件） 小的机械修理 人员——高级技师 专门工具、部分而详细的文件
第4级	大修 中等规模的修理 人员——高度专业化的技术小组 具有专用工具的车间。完整的文件
第5级	重造或更新 重大的修理 人员——制造公司 手段——由制造者规定，类似制造时所用

图 6-9　维修等级

6.5.4　核电厂的维修特点

大型核电厂的维修主要具有以下特点及因素。

（1）核电厂中某些安全相关设备发生故障所造成的损失是无法接受的。即使单纯从经济角度看，损失也太大。

（2）核电厂是其中成千上万件设备均须正常运行的极为复杂的工业装置。少数的（一个或两个）重大故障就可能导致电厂的强制性或预防性停运。

（3）鉴于设备几乎总是连续运行并预期要满功率运行约 30～40a（甚至更长），运行要求非常苛刻。只有厚实的焊接部件才能承受这种高功率运行，而有些部件只有通过接近重建的施工过程才能更换。在大多数情况下，设备的寿期等于预定的核电厂寿期。

（4）主要设备不能运走，其维修必须在现场进行。

（5）维修工作要在具有潜在危害或危险的条件下进行，例如，有高温、高压流体、毒性流体、高压线路和通道狭小。放射性是一种核电厂维修特有的危险，但不像上面所列的几种经常遇到。

（6）这些费用非常昂贵的主要设备是逐个订购的，或批量甚小。同时设计师总在不断地试图改进设备的设计和性能。

这最后一个特点使核电厂设备的维修与比较简单或者比较便宜的设备有着明显的区别。对于后者，设计师和制造厂可以将一些造好的原型机在与计划适用地点的运行工况相仿或有代表性的真实条件下进行试验。在这种情况下，一方面能比较容易地验证所作设计是否满足适用的要求，并在需要时加以修改；另一方面也便于发现和增强许多易于老化的部位和有助于根据用户的要求制定出优等的预防性维修计划。例如飞机的设计与制造就属于这种情况。

然而这种情况不适用于核电厂，这导致了以下两种后果：

1）设备必须在运行电厂内，由用户的维修组和用户的设备专家作为主要参加者来进行调整。因此，在电厂运行的最初几年中，由制造厂和用户提出的设备修改将是维修的重要部分。

2）在通过运行经验以掌握故障部位和故障发生率之前，不可能制订出令人满意的预防性维修计划（除了最普通的操作外）。

参 考 文 献

[1] 朱继洲. 压水堆核电厂的运行. 北京：原子能出版社，2000.

[2] 朱继洲. 核反应堆安全分析. 西安：西安交通大学出版社，北京：原子能出版社，2004.

[3] 莫国均，钱纪生. 大亚湾核电站建设丛书. 调试与启动. 北京：原子能出版社，2000.

[4] 世界能源理事会中国国家委员会. 面向 21 世纪的世界能源——第 18 届世界能源大会论文选编，北京：原子能出版社，2001.

[5] 张建民. 核反应堆控制. 西安：西安交通大学出版社，2002.